suncolor

suncolor

—THE TEAM—

高能團隊的關鍵5 ABCDE 法則

發揮團隊五大效果、破解五大迷思，
讓營收、市值翻十倍的科學化法則

組織人事顧問公司 Link and Motivation Inc. 董事
日本最大社員口碑網站副社長
麻野耕司 著
涂紋凰 譯

suncolor
三采文化

讓營收、市值翻十倍的團隊法則

團隊科學化

本書的主題如字面所述，就是團隊。一個人能做的事情有限，這個世界上的所有人都正在透過和他人合作，投入「自己一個人無法完成的事」。不僅限於商務人士，從成群結隊一起上學的小學生到參加槌球隊的高齡人士，無論男女老幼都和團隊息息相關。

儘管如此，無論在學校或是公司，幾乎可以說毫無系統性學習組織團隊的機會。實際上，即便指導者或上司提過團隊概念，大多也只停留在「團隊的熱情和信賴最重要」之類個人的經驗和感受。

本書不以精神論或經驗法則去探討團隊，而是以有理論、有系統的法則科學剖析團隊。借助經營學、心理學、社會學、語言學、組織行動學、行為經濟學等各領域的學術性知識，淺顯易懂地套入團隊法則，讓商務人士、學生、家庭主婦都能廣泛應用。

而且，團隊法則的內容盡量套入算式和圖形，不像國語那樣需要透過感覺理解，而是像算數一樣擁有再現性，讓大家能夠靈活應用。為了幫助難以想像團隊法則的讀者，我想問一個有關團隊的基礎問題：

「在團隊中，一加一會不會大於二？」

簡單來說，就是團隊的集體表現會不會比成員各自單獨行動來得更大？答案是YES。這是為什麼呢？只要能透過本書理解團隊法則，就能夠以多種方式描述原因了。

我來介紹其中一個最正統的原因吧。假設A先生擅長企劃，但是不擅長規劃和執行，他一個人獨自行動能夠獲得的成果為1。反之，B先生擅長規劃和執行，但不擅長企劃，他獨自行動能夠獲得的成果和A先生一樣都是1。

透過兩人組成團隊，由B先生負責A先生不擅長的規劃和執行，再由A先生負責B先生不擅長的企劃，就能達成分工合作。

如此一來，能夠專注在自己擅長領域的A先生和B先生，都可以把成果從1提升到1.1或1.2。就結果來說，團隊表現就不只是2，而是可能提升到2.2、2.3、2.4。

只要能夠實踐適才適所，團隊就能一加一大於二。這麼說或許會讓人覺得理所當然，但實際上有很多在團隊中活動的人連這麼基礎的法則都無法回答。也就是說，很多人的團隊法則只停留在加法或減法程度，不要說方程式了，連乘法和除法都不知道。

大家都對團隊有誤解

因為沒有針對團隊的系統性學習機會，所以很多人對團隊都抱持著錯誤的認知以及成見。

「能確實達成目標的就是好團隊。」

「好團隊就該擁有多樣化成員。」

「團隊裡的溝通多多益善。」
「好團隊就是大家一起討論再做決定。」
「為了提升成員的動機，領導人熱情的激勵非常重要。」

這些乍看之下都是正確的，但其實有時候反而會變成導致團隊無法充分表現的原因。因為我們把不知不覺中學習到的一般認知誤用在團隊上，又或者無意中被過去的社會體系束縛，才會產生誤解。這些誤解會導致許多團隊的表現分數下降。

本書將會說明這些誤解，並且仔細傳達團隊原本應有的樣貌。透過團隊法則打造團隊，就能消除誤解，以適當的方式經營團隊。

這個國家最需要的武器就是團隊

我認為日本這個國家最需要的武器就是團隊。回溯人類的歷史，我們人類之所以能在地球存活，可以說是因為團隊力量。

約十萬年前，地球上共有六種人類存在，其中存活下來的只有我們智人。智人和其他五種人類相比，個體能力較低。那為什麼最後只有我們智人存活下來呢？

全球暢銷書《人類大歷史》（天下文化）的作者哈拉瑞曾說，原因就在於「集團」。智人透過複雜的語言和抽象的思考，塑造一個巨大社會集團。接著，透過集團的智慧彼此合作、共同創作，藉此適應環境，在其他人種滅絕時讓種族拓展到全世界。

我們智人之所以能存活並繁榮昌盛，就是因為有集團，也就是團隊的力量。利用團隊的力量讓表現最佳化，就是人類得以發展的關鍵，這絕非誇大其辭。而且，全世界之中，日本尤其擁有優秀的團隊傳承。

在西方，「還原論」這種透過分解元素理解事物的思考方式發達。西方醫學中，透過手術摘除劣化的器官以治療疾病，這種行為就彰顯了還原論的思考方式。西方重視事物的元素，也就是「個體」。

另一方面，在東方則是元素與元素之間的關聯能夠左右事物的「關係論」較為發達。在東方醫學中，透過中藥改善臟器與臟器間的血液循環，讓人體不易生病的行為，顯現出關係論的思考方式。東方重視事物與事物間的關係，也就是重視「個體與個體間的聯繫」。

在東方國家中，日本又是關係論最根深蒂固的國家。「和」是能夠代表日本的其中一個漢字。和的語源可拆成「禾」和「口」兩個部分說明。「禾」是軍隊大門前的標誌，「口」代表盛裝對神明的誓詞，也就是祝禱文的容器，兩者組合之後就是「在軍隊陣地內止干戈，在神前互誓和平」的意思。據說，這個字因此衍生出友好的意思。

《日本書紀》中，記載了據說是聖德太子在七世紀時制定的十七條憲法。第一條就有以和為貴這句話。日本最古老的律法第一條就寫上「和」這個字。由此可見，日本從以前就非常重視團隊，也就是個體與個體之間的連結，並且在這樣的文化中成長。

二〇一六年的里約奧運，日本獲得男子田徑四百公尺接力的銀牌。單看每位選手個人的能力，其實遠不如第三名的美國隊（賽後喪失資格）。美國隊的所有選手都能在九秒左右跑完一百公尺，相較之下，日本隊沒有一個選手能在九秒內跑完一百公尺。然而，日本隊藉由徹底磨練連結個人與個人的交棒流程，贏過美國隊獲得銀牌。

對日本而言，「團隊」就是莫大的武器，但我認為我們並沒有充分運用這個武器。我想應該有很多人模糊地了解必須重視團隊合作，但是能夠明確回答「該怎麼做才能打造優質團隊？」這個問題的人很少。另外，說到團隊合作大家就會想到要重視合群觀念、壓抑自己想說的話，甚至有人認為必須扼殺個人的想法。

商業圈已經出現個人時代的風潮。商業圈的價值泉源，曾經來自戰後復興期的「業界」以及高度經濟成長期的企業。然而，從今往後的價值泉源絕對會轉變為個人。這是因為商業的重心從原本以製造物品的硬體商務轉變成販售服務的軟體商務，沒有工廠和設備的個人也能生產商品和服務。再加上網際網路普及，個人不需要依賴企業，也能自行組織團隊。

磨練個人的能力非常重要。然而，日本若要更進一步，就必須加強鍛鍊完美連結個人與個人、打造團隊的能力。藉由組織團隊，更進一步激發個人的能力。本書除了提出共通的團隊法則，同時也配合現今的日本社會狀況，傳達應用的方式。

團隊法則帶來的奇蹟

我以經營顧問的身分，支援過許多企業改革組織。因為工作的關係，我見證許多團隊改變的瞬間，但最讓我有感的並非客戶的組織改革。反而是我隸屬的人事組織顧問團隊改革，最令我感觸。

過去我們的團隊成員不到十個人，但組織崩壞，同事也一一離職。而且，業績也不斷下滑。我們試過各種方法，但都徒勞無功。在業界中，我們毫無存在感。當然，在公司內部我們團隊也飽受白眼。

當時，某個比我資淺的晚輩對我說：

「要不要在我們的團隊實踐對客戶傳授的組織改革知識？」

那一瞬間，我恍然大悟。說來很可恥，我一副高高在上的樣子對企業經營者建議該如何改革組織，卻沒有徹底實踐在自己的團隊上。

我把專為企業設計的組織改革知識，代換成適合我們這種人數少的團隊，徹底實踐團隊法則。

結果，我們團隊的營收增加了十倍。不只業績，就連組織狀態也大幅改善，離職率從原本的百分之二十到三十降至百分之二到三。不僅既有的人事組織顧問事業大幅回春，我們團隊推出的新事業——國內第一個改善組織的雲端服務「MOTIVATION CLOUD」也廣受矚目。

就結果來說，公司的市值成長了十倍。雖然是老王賣瓜，但我們的確蛻變成公司和業界人人稱羨的團隊。

在執筆本書的過程中，幻冬舍的責任編輯箕輪先生曾經問我：「麻野先生有沒有什麼好玩的人生經歷？」

很遺憾，我自己沒有什麼特別好玩的人生經歷。然而，對我這個平凡的上班族來說，以團隊法則為基礎，讓整個團隊動起來並創造出卓越表現，這個經驗就像奇蹟一樣。

我一生中最值得驕傲的東西，就是和成員一起打造的團隊。我們的團隊無論面對多高的目標都不會放棄。團隊中如果有人陷入困境，就一定會有人伸出援手、給予幫助。我們團隊裡的所有人都真心認為，我們可以改變世界。

最後一章會談到我們的團隊如何在團隊法則之下改變。只要讀者看完團隊法則再了解具體案例，一定就能想像該如何應用。

將關鍵五法則獻給所有人

「THE TEAM」這個標題包含了我想傳遞團隊法則最終版的心情，以及希望能夠讓所有讀者打造自我團隊的願望。

打造一個團隊不需要特別的能力和經驗。但是，需要確切的法則。另外，團隊法則並不是專為領導者設計的法則，而是一個讓所有和團隊相關的成員理解、實踐的法則。

如果你正在抱怨自己的工作很無趣、社團活動不開心、小組討論不順利，要不要先試著實踐團隊法則呢？

我誠心祈禱，每個人都能透過團隊法則親手提升團隊能力，讓自己的團隊出現宛如偶像劇或電影裡那種理所當然的團隊奇蹟。

進入關鍵 ABCDE 五法則之前

本書的閱讀方法

團隊法則由設定目標（Aim）、擇才（Boarding）、溝通（Communication）、決策（Decision）和共鳴（Engagement）這五個法則（取字首就是 ABCDE）組成。若按順序閱讀就能夠更有系統地理解打造團隊的步驟，不過內文設計成也能單看有興趣的章節。

各章的閱讀方法

第一章到第五章每章都以法則、具體案例、核對清單組成。另外，卷末介紹了團隊法則的基礎理論學術背景。想了解法則的人可以閱讀法則；想了解具體案例的人可以閱讀具體案例的部分；如果想完全套用在自己團隊的話，則可閱讀核對清單；想了解學術背景的讀者請閱讀卷末收錄。

目錄

前言

第1章

第2章 擇才（Boarding）的法則〔選擇能作戰的夥伴〕

第3章 溝通（Communication）的法則〔打造最棒的空間〕

第5章 共鳴（Engagement）的法則（竭盡全力）

特別收錄

最終章

結語

第 1 章

設定目標（Aim）的法則

〔制定目標！〕

【Aim】

不可數名詞／瞄準、照準、看清方向

可數名詞／目的、志向、計畫

來打造團隊吧！

團隊一開始最需要的就是「目的地」。

法則

沒有共同目標的集團不是「團隊」而是「團體」

在開始論述團隊法則之前，我想先定義什麼叫做團隊。為了明確定義何謂團隊，所以就試著一邊對照團隊和團體的差異一邊思考。

我以小學生上學的場景為例，小學生會和交情好的朋友一起去上學，這樣的集團能夠稱為團隊嗎？這個集團中，每個人都隨自己的心情說話，按自己的步調走路，即便如此也不會有人受到責備。像這樣，單純有兩人以上聚集並活動的集團稱為「團體」。

那麼團體要怎麼做才會變成團隊呢？團隊的必要條件就是「共同目標」。小學生因為有大家一起安全地去學校這樣的共同目標才能組合成團隊，也因為這個目標，才能混合高低年級組成班級、準時集合並且由高年級照顧低年級，產生團隊合作。

據說 team 這個單字是從「tug（拉）」這個字衍生而來，也就是說因為有

〈團體和團隊的差異〉

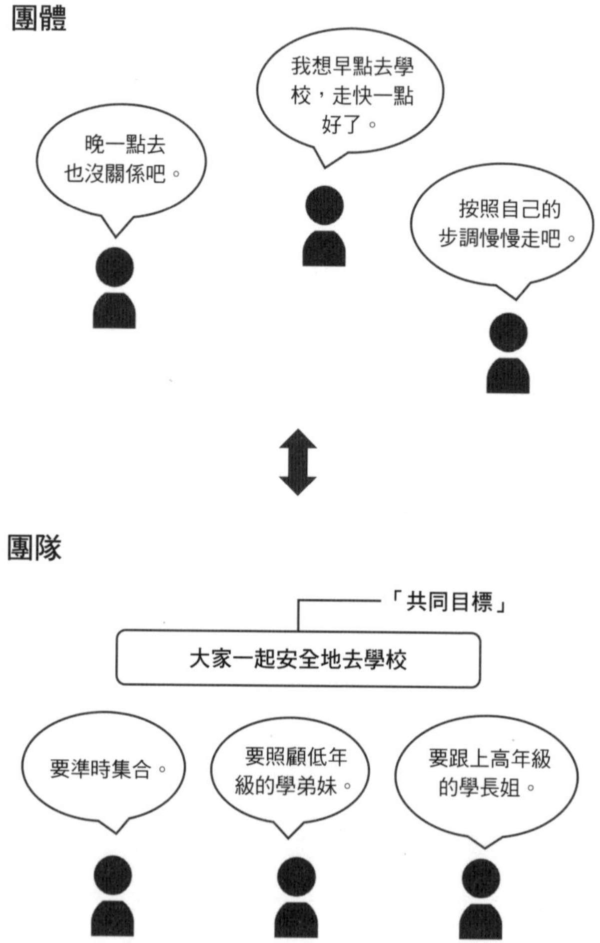
團體
我想早點去學校，走快一點好了。
晚一點去也沒關係吧。
按照自己的步調慢慢走吧。
團隊
「共同目標」
大家一起安全地去學校
要準時集合。
要照顧低年級的學弟妹。
要跟上高年級的學長姐。

拉攏成員的共同目標才有團隊。

本書將擁有共同目標的兩人以上集團稱為團隊；反之只要有共同目標和兩名以上的成員，不只企業內的部門或專案小組，國高中的社團、大學講座或社團活動、地方社區團體都是團隊，都能應用本書的團隊法則。極端地說，一起旅行的朋友、一起出外用餐的家人，只要有共同目標就能按照團隊法則，為活動帶來有效的變化。

共同目標是團隊的必要條件，對團隊來說也是決定活動成敗最重要的東西。在 Aim（設定目標）的法則這一章中，我將說明有效設定目標的方法。

※ 對學術背景有興趣的讀者，請參照 Theory：切斯特・巴納德（Chester Irving Barnard）「組織的成立要素」、斯蒂芬・羅賓斯（Stephen P. Robbins）「團隊與團體的差異」。

「能達成目標的就是好團隊」是個誤會

首先要先打破大多數人對團隊的誤解。

「能達成目標的就是好團隊」

真的是這樣嗎？

我們來做個實驗吧，我想問各位讀者：「你從早上起床到現在，看過幾個紅色的東西？」我想大部分的人都無法回答這個問題。不過，如果事前就知道明天會在同一時間問同樣的問題，所有人就會從早上開始計算身邊出現的紅色東西吧。

為什麼同樣是過一天，今天突然被問到的時候答不出來，但事前知道的話就能答得出來呢？用同樣的視力看世界，為什麼紅色的東西會突然變得很醒目呢？關鍵在於有沒有「目標意識」，這個現象在心理學上稱為「彩色浴效果（color bath）」。

人只要產生某個目標，就會比過去更容易注意到相關資訊，目標意識就是如此大幅地影響我們的行為。說團隊活動完全被目的和目標支配，一點也不為過。根據團隊設定的目標，成員的思考和行動都會大幅改變。

以這一點為前提的話，**「能達成目標的就是好團隊」**未必是錯，但是更重要的是——**「設定恰當的目標才是好團隊」**。

在思考如何達成目標之前，更應該投入精力思考該如何設定目標。很多人從小就習慣在別人給予的目標下競爭，譬如考試考高分、運動獲得前幾名，卻很不習慣自己設定目標。然而，打造團隊時必須擁有強烈「自己設定最佳目標」的意識，這一點非常重要。

你的團隊以什麼為目標？

接下來我想說明設定適當目的或目標的法則。譬如《高能團隊的關鍵ABCDE五法則》這本書是由很多人一起製作而成的產品，如果你是這本書的團隊成員，你認為該設定什麼目標才好呢？

A　製作一本加入大量案例並簡單傳達團隊法則的書。

B　銷售十萬冊。

C　提升國內企業的團隊能力。

A屬於行動層次的目標設定。行動層次的目標設定指的是，明示團隊成員具體的行動方向。那麼「製作一本加入大量案例並簡單傳達團隊法則的書」這個行為就會變成目標。

B屬於成果層次的目標設定。成果層次的目標設定指的是，團隊獲得的具體成果。所以，「十萬冊」這個銷售數字的成果就變成團隊的目標。

C則是意義層次的目標設定。意義層次的目標設定指的是，最後想實現的抽象狀態和影響力。這種狀況下，「提升國內企業的團隊能力」的意義就變成團隊的目標了。

這三種類型的目標設定方式各有利弊，不能一概而論地直接斷言好壞。

A行動層次的目標設定，好處是團隊成員能夠清楚了解自己應該採取的行動，有了「製作一本加入大量案例並簡單傳達團隊法則的書」這個具體目標，

〈目標設定的三大類〉

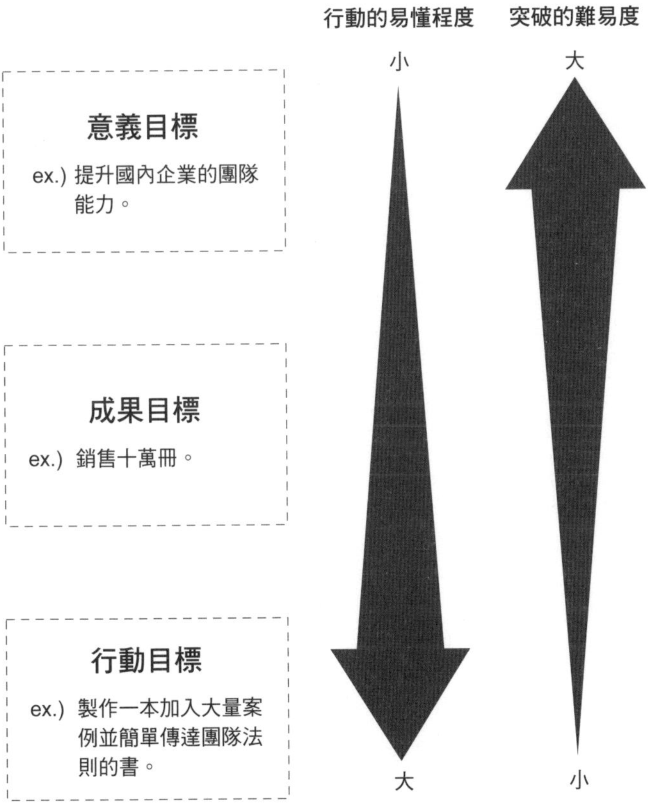
行動的易懂程度
突破的難易度
小
大
意義目標
ex.) 提升國內企業的團隊能力。
成果目標
ex.) 銷售十萬冊。
行動目標
ex.) 製作一本加入大量案例並簡單傳達團隊法則的書。
大
小

成員就能馬上採取調查目前已經成功的團隊案例、尋找能夠用插畫簡單呈現的插畫家等行動。

反之，C意義層次的目標設定，會讓成員很難了解自己應該採取什麼行動，這是一大缺點。即便有「提升國內企業的團隊能力」這個目標，應該也沒有幾個人能馬上想到該怎麼做吧。光靠這個目標，可能會讓所有團隊成員手足無措。

另一方面，意義層次的目標設定的優點則是有助於團隊突破。有「提升國內企業的團隊能力」這個抽象目標，可能會刺激成員產生除了「加入案例」或「簡單傳達」之外的創意。實際在製作這本書的過程中，因為有「提升國內企業的團隊能力」這個目標，責任編輯箕輪厚介先生提供各種創意想法，譬如「那就來做一本讓領導者以外的人也受用的書吧」、「在〈前言〉中明確提起為何企業需要團隊力」、「把五法則的第一個字母連在一起，創造出人人都能輕鬆記憶的標語」、「針對大量購書的讀者，可以提供以打造團隊為主題的講座。」

反之，A行動層次的目標設定的缺點是，很難讓團隊成員產生突破性的創意。也就是很難跳脫「製作一本加入大量案例並簡單傳達團隊法則的書」這個目標，衍生其他的行動。

B成果層次的目標設定，無論在行為的易懂程度或突破的難易度上，都介於A的行動層次和C意義層次之間。

三個目標設定方法中，哪一個最適合自己的團隊，會根據團隊成員的能力、思考力和行動力有所不同。如果團隊成員無法自主思考，就必須設定行動層次的目標，否則很難看到成效。根據狀況不同，還需要將行動化為操作手冊，讓成員能夠具體套入，明確設定「幾分鐘內完成這項動作」等目標。

另一方面，如果團隊成員能夠自主思考，那麼採用意義層次或成果層次的目標設定，更容易產生效果。因為透過意義層次和成果層次的目標設定，能夠臨機應變催生出適合當下狀況的應對方式。

無論是職場還是跨職場的專案計畫、學校的社團活動或小組討論、和家人朋友的旅行或聚會，只要你想把團隊表現提升到最好，就必須了解這三個目標的特質，選擇適合自己團隊的目標設定方式。要設定什麼樣的抽象目標或者同時針對三種層次設定目標，就必須先清楚了解成員的能力才行。

※對學術背景有興趣的讀者請參照 Theory：早川一會「抽象的階梯」。

沒有意義的目標，人只會變成工作和數字的奴隸

商業行為中的目標設定，隨時代不同，受重視的目標逐漸按行動目標↓成果目標↓意義目標的順序轉變。很多企業每半年或一年就會重新審視員工的目標設定與人事評價，從這樣的演變就能看出目標的變化。

過去，企業界的主流是以行動目標為基準的「重複評價」，大家最熟悉的就是小學的聯絡簿。聯絡簿設定了「確實回答、打招呼」、「保持環境整潔」、「和朋友和睦相處」等共同的行動目標，而且每學期都會由老師給出○或△的評價。和聯絡簿的做法一樣，公司也會按照員工的能力分級、利用職等來區分員工的角色，並且依各自的等級和職位設定行動目標，再評價其成果。

當社會處於高度經濟成長期時，各企業的勝利方程式都大同小異。大多數的企業以便宜、優質和快速出貨為勝利方程式，重視能夠確實執行行動目標的團隊。

然而，在商業環境快速轉變之下，光靠評價行動目標已經難以提升個人和企業表現。因為曾經成功的勝利模式腐化速度變快，團隊和成員應採取的行動每分每秒都在改變。

在這樣的狀況下，一九九〇年代以後的日本盛行以成果目標為基礎的「MBO」。MBO 是 Management By Objectives 的簡稱，MBO 會將每個團隊的成果目標細分到各成員身上，盡可能量化成果目標，最後以期末的達成度評價結果。

這樣的做法能讓個人必須擔負的責任變大，成員必須思考為了創造成果該採取什麼行動。由成員自行思考創造成果的必要行動，就會產生一個能因應商業環境變化的團隊。

然而，最近的商業環境變化速度又變得更快了。根據企業不同，團隊設定的成果目標，可能在半年到一年之內就失去效果。於是，現在盛行的是以意義目標為基礎的「OKR」。OKR 是 Objectives and Key Results 的簡稱，國際半導體企業英特爾（Intel Corporation）的前 CEO 安迪．葛洛夫（Andy Grove）提出的 OKR 概念，已經導入矽谷和日本的部分網路企業。

OKR 包含「Key Results＝應創造的成果」以及在那之前的「Objectives＝應實現的目的和意義」等目標設定。也就是說，Key Results（應創造的成果）代表團隊的成果目標，Objectives（應實現的目的）則是團隊的意義目標。

OKR 最重要的就是「Objectives（應實現的目的）」＝意義目標，若判斷能有效實現「Objectives（應實現的目的／意義目標）」，那麼意義目標也可以變更為「Key Results（應創造的成果／成果目標）」。

在商業環境變化劇烈的現代社會，各團隊必須回顧意義和目的，有時也必須重新審視成果目標的觀點和水準。

如果團隊只設定行動目標，成員往往會變成工作的奴隸；如果團隊只設定成果目標，成員往往會變成數字的奴隸。然而，大多數的團隊並未充分了解意義目標的重要性。設定意義目標，團隊成員會對自己應該達成的成果與應該採取的行動有所想法。成員不只知道應該做什麼，而是在知道應該做什麼時，找到更多應該做的事。

假設你是某啤酒廠商的業務團隊成員，團隊的成果目標是銷售額一千萬日

（目標設定的潮流）

意義目標＝ OKR

Objectives and Key Results

應實現的目的與意義（Objectives）	應創造的成果（Key Results）	實績
透過重點商品 改革事業架構	新簽約 1000 萬日圓	新簽約 900 萬日圓 達成率 90.0%
	重點商品 A 販售 3 社	重點商品販售 2 社 達成率 66.7% ＋設計重點商品銷售手法 ＋製作重點商品的案例資料

從目的和意義逆向推斷，可促進行動和成果。

▲

成果目標＝ MBO

Management By Objectives

目標（Objectives）	實績
新簽約 1000 萬日圓	新簽約 900 萬日圓 達成率 90.0%
重點商品 A 販售 3 社	重點商品販售 2 社 達成率 66.7%

▲

行動目標＝回顧評價

目標	實績
工作時不犯錯	○
按計畫進行工作	△
行動時重視團隊合作	○
能夠向上司做出適切的報告	×

圓，如果只有銷售額一千萬日圓這個成果目標，只會產生「數度造訪量販店和餐飲店」之類的行動。

這種時候，請再加上意義目標。如果團隊想透過販售啤酒提供消費者「幸福的用餐時光」，也可以把這個當成團隊的意義目標。如此一來，團隊成員就會向量販店提案，製作海報（店頭廣告）向消費者介紹美味飲用啤酒的方法。另外，也可能向餐飲店提案，推出適合搭配啤酒的當季料理菜單。

意義目標會成為產生突破式創意的契機。現在這個時代，需要的團隊是——所有成員了解團隊為何存在、應該帶來什麼影響等意義目標，自主行動並創造成果。

具體案例

打掃新幹線的天使們

為了讓讀者能夠更具體了解設定目標法則的應用，我想介紹一下相關案例。美國哈佛商學院以「7-Minute Miracle」為標題，做過日本企業團隊改革的案例研究，那就是「JR 東日本 TESSEI 公司」的新幹線清潔員的團隊改革。

「7-Minute」＝七分鐘，這是新幹線進站後，清潔員從上車開始打掃到結束的時間。短短七分鐘內，這些清潔員的表現非常傑出，獲得全球矚目。原本新幹線清潔團隊並沒有明確的目標設定，打掃的品質因人而異，新幹線出發時的敬禮動作也不一致，顯得很敷衍。

這些清潔員中，有人因為親戚或家人等親近的人看不起清潔工作，所以對自己的工作感到自卑，甚至有人隱瞞自己從事的工作。曾經有清潔員在打掃時，聽到乘客告誡自己的孩子：「如果不好好讀書，以後只能做這種工作。」在這樣的環境下，團隊表現當然會處於低迷狀態。

因此，清潔團隊設定了意義目標「身為『新幹線劇場』的一分子，要對顧客充滿感激」；成果目標「在七分鐘內讓顧客擁有溫暖的回憶」；行動目標「清爽、安心、溫暖」。他們把新幹線當成體現日本技術能力的舞台。公司告訴所有成員，清潔員在乘客體驗這些技術時，扮演非常重要的角色。

從此之後，以前只把清潔當成枯燥作業的成員們，行為有了大幅度的轉變。由二十二名清潔員組成的團隊，在短短七分鐘之內就能完美清潔約一千個座位。他們以默禮迎接新幹線、在月台排成一列對等待中的乘客行禮、對出發的新幹線鞠躬送別的姿態，讓乘客大為感動，甚至還會拍手致敬。

另外，為了讓「新幹線劇場」更加熱鬧，成員開始自動自發提出各種新點子。有工作人員為了讓「新幹線劇場」更熱鬧，提議夏季穿著夏威夷襯衫或浴衣、在頭上戴著櫻花或扶桑花等充滿季節感的飾品。除此之外，第一線的團隊還陸續提出用各國語言標示沖馬桶的方法、用一個背包收納掃帚與畚箕等清潔用具、使用推車在車輛內搬運清潔用具等做法。

來日本視察新幹線系統的法國鐵路官員甚至說：「我想引進新幹線的這套清潔系統，但是我更想把那個清潔團隊帶回法國。」

我認為這是一個藉由設定意義目標與成果目標，讓成員的創造力獲得解放並擁有主體性的團隊改革案例。

日本足球代表隊參加南非世界盃晉級十六強

我想再介紹另一個具體案例。

二〇一〇年，日本睽違八年參加南非的足球世界盃，當時日本代表隊打進前十六強。岡田武史教練率領的日本隊，創下日本自己舉辦世界盃以外，第一次進入淘汰賽的紀錄。

其實岡田教練曾在採訪時表示：「我赴任總教練，帶隊參加世界盃預賽時，日本隊的氣氛不太好。」選手對於控球並不積極，團隊輸球時，選手也認為只要有做好自己分內的事就好，這樣的團隊當然無法贏得比賽。

因此，岡田教練設定了「要留下日本足球史上沒做到的成績」這個意義目標。成果目標則是「進入世界盃前四強」。而且，還擬定了行動目標「六大方針」：①「享受足球（Enjoy）」②「自己帶頭做（Our team）」③「為了獲勝竭盡全力（Do your best）」④「專注於當下（Concentration）」⑤「保持挑戰（Improve）」⑥「一定要打招呼（Communication）」。

就這樣，透過設定全新的意義目標、成果目標和行動目標，讓團隊大幅改變。為了達成目標，岡田教練發給每位選手一張A4白紙，要求他們在最上面寫下「世界盃前四強」，接著寫下「要變成什麼樣的團隊、團隊中的自己應該擔負什麼角色、為達到目標一年後應該呈現什麼狀態、每天該做什麼」。

之後連團隊內的對話也變成「這樣傳球真的可以擠進前四強嗎？」「晚上跑去喝酒，有辦法擠進前四強嗎？」「動不動就喊痛、躺在操場上，有辦法擠進前四強嗎？」等具有目標意識的內容。

過去茫然地想要獲得勝利的團隊，現在已經有了前四強這個明確目標，大家對每個動作都很重視，變成懂得彼此互相切磋的團隊。團隊成員提醒彼此踢球技巧，自主開會的次數也大幅增加，即便面對危機狀況也能互相提出意見，甚至還成長至能夠逆轉足球界中算是非常劣勢的兩分差距。雖然最後沒有晉級到前四強，但就結果來說，代表隊已經達成除了日本舉辦的世界盃以外第一次晉級十六強的目標。這就是靠設定目標的法則，將團隊表現最大化的結果。

設定目標法則總整理

團隊表現會因為目標設定產生莫大差異。如果你的團隊只是埋頭追逐別人給予的目標，那就請你們重新審視，找到自己的目標。沒有設定適當的目標，成員們的所有努力只會變成夢幻泡影。

此時，最重要的是確實設定團隊活動的意義。自己的團隊究竟為何存在？累積數字和作業後，想實現什麼目標？將團隊活動的意義化為明確的語言，成員才能發揮自主性和創造性。

從意義開始回溯，自己找出該做和不該做的事情，才得以轉變成能夠自我發現的團隊。屆時，你的團隊必定會有前所未有的突破。

核對清單

□團隊活動的意義是否明確？

□團隊應該創造的成果是否明確？

□團隊建議的行動是否明確？

□團隊的活動意義、應創造的成果、建議的行動是否有適當地連結？

□你是否在日常生活中隨時意識到團隊的活動意義、應創造的成果、建議的行動？

第 2 章

擇才（Boarding）的法則

〔選擇能作戰的夥伴〕

【Boarding】
不可數名詞／搭乘、乘船、乘車

決定團隊的目的地後，
下一個要決定的就是隊員。
「做什麼」和「由誰來做」都會決定團隊的成敗。

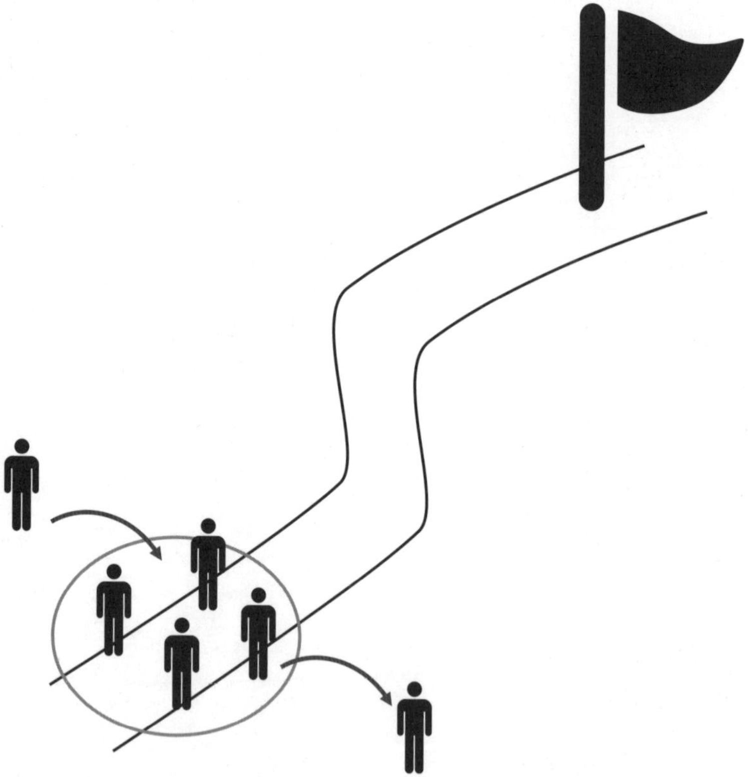

法則

團隊最重要的就是選擇和替換成員

全球暢銷書《從A到A+》（遠流）的作者詹姆・柯林斯（Jim Collins）說過，「誰搭上車」對企業經營來說最為重要，而且主張應該先選人，之後再決定目標。

我任職的 Link and Motivation Inc. 公司，創辦人兼董事長小笹芳央也曾說：「聘用員工就是襯衫的第一顆釦子。雖然第一顆釦子扣好了，並不代表其他釦子也能扣好，但襯衫的第一顆釦子要是扣錯，無論再怎麼努力，其他釦子都不可能扣好。同理，雖然聘對員工不見得能讓組織順利運轉，但是聘錯員工，之後用什麼方法都無法挽回。」

對企業來說，聘用員工非常重要，同理，對團隊來說，選擇成員也很重要。選擇成員關乎在團隊內的每個人。職場中的成員是由公司聘用、分配的人組成，但專案小組成員要選擇誰，則是職場上經常面對的問題。

另外，若工作太多做不完，應該會發包給其他公司，此時要選擇擁有哪些成員的企業，就和選擇團隊成員有關了。學校社團、同好會、講座都需要選擇成員，和家人朋友旅行、從事地方社區活動也同樣需要。

另外，選擇成員除了「讓誰上車」之外，「讓誰下車」也很重要。在團隊狀況改變下，有時讓特定成員離開對團隊和其他成員都有益。選擇成員是決定團隊好壞的關鍵行動，Boarding（擇才）的法則將會針對「讓誰上車並且如何讓人下車」說明有效的方法。

團隊的四大類型

在選擇成員之前，我想和大家分享所有團隊法則共通的重要前提。為了和大家共享這個前提，我要在此先介紹大多數人對團隊的誤解。

「打造團隊有標準答案」

認為世界上有「只要做好這件事就能順利打造團隊」的標準答案，其實是個錯誤的想法。打造團隊並沒有唯一絕對的正確答案。因為團隊應該發揮的功能，會根據團隊所處的環境、團隊進行的活動有所改變。

本書的特徵就是不會把特定的行動當作絕對正確的解答，而是讓各位讀者能夠思考適合所屬團隊的行動並且能夠加以選擇。

為了讓各位讀者能夠找到符合自己團隊的行動，我將團隊分成四大類型。這個分類也應用在本書的幾個章節和法則中，希望各位務必掌握住概要。

分類團隊的第一個主軸是「環境的變化程度」。也就是按照「環境的變化程度」大小進行分類。接著，第二個主軸是「人才的合作程度」。也就是按照「人才的合作程度」大小進行分類。

以這兩個主軸搭配，就能分類出四大類型的團隊。為了讓大家更容易理解，我以運動團隊來說明。

運動團隊的「環境變化程度」主要來自「對手的作戰與行動，會對自己團隊造成多大影響」。以淺顯易懂的觀點來看，運動競賽中，會與對方選手的

〈團隊的四大類型〉

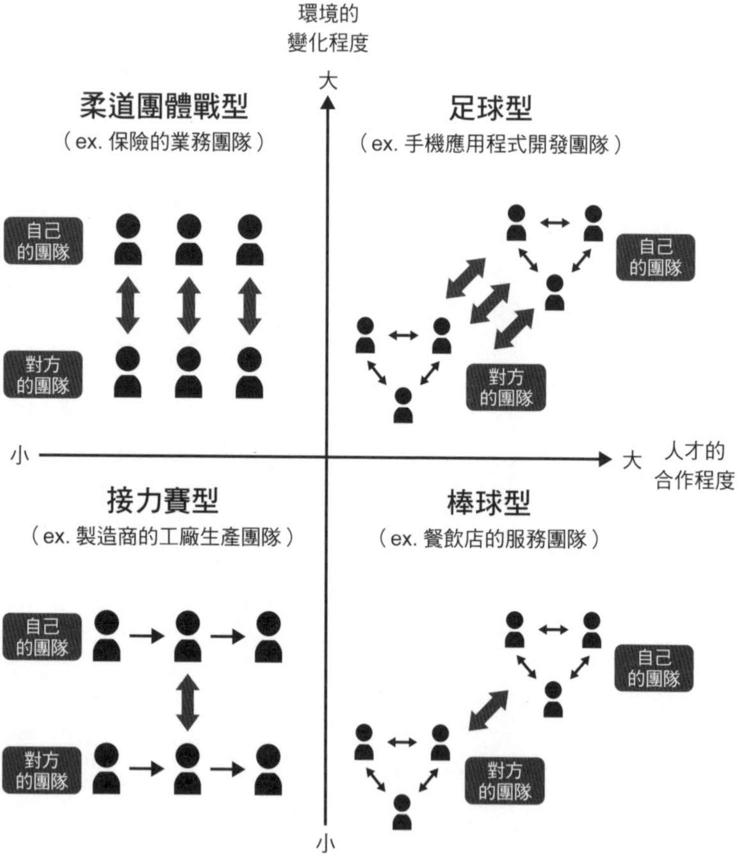
環境的
變化程度
大
柔道團體戰型
（ex. 保險的業務團隊）
足球型
（ex. 手機應用程式開發團隊）
自己
的團隊
對方
的團隊
自己
的團隊
對方
的團隊
小
大
人才的
合作程度
接力賽型
（ex. 製造商的工廠生產團隊）
棒球型
（ex. 餐飲店的服務團隊）
自己
的團隊
對方
的團隊
自己
的團隊
對方
的團隊
小

身體有接觸屬於「環境變化程度大」，較少有接觸的則屬於「環境變化程度小」。

身體接觸多的話，自己就必須配合對方每一刻都在改變的動作，也就是必須配合環境變化行動。反之，如果身體接觸少的話，就不必在意對方的動作，也就是不必在意環境變化了。

柔道的團體戰或者足球等運動需要和其他隊伍的選手有大量身體接觸，可以說是屬於「環境變化程度大」的類型。像是接力賽或棒球等運動，和其他隊伍的選手不需要大量身體接觸，可以說屬於「環境變化程度小」的類型。

運動團隊的「人才合作程度」主要來自「同隊選手需要彼此合作到什麼程度」。以淺顯易懂的觀點來看，運動競賽中，需要同隊選手同時參與競技的屬於「人才合作程度大」，不需要同時參與競技的則是「人才合作程度小」。

譬如，足球和棒球都是同隊選手需要同時上場的競技，就是「人才合作程度大」的類型。而柔道團體戰和接力賽都不需要同隊選手同時上場，所以屬於「人才合作程度小」。

以「環境變化程度」和「人才合作程度」這兩個主軸進行分類，就能區隔

「環境變化程度小」×「人才合作程度小」的接力賽型團隊、「環境變化程度大」×「人才合作程度小」的柔道團體戰型團隊、「環境變化程度小」×「人才合作程度大」的棒球型團隊、「環境變化程度大」×「人才合作程度大」的足球型團隊。

為了讓讀者能夠輕易分類自己的團隊，我希望各位套用這四種類型並進一步思考。

接力賽型（環境變化程度小×人才合作程度小）可以套用在工廠的生產團隊上。工廠大多會以中長期的視野訂立生產計畫，不太會在短期內出現頻繁改變的狀況，可以說是屬於環境變化程度小的團隊。另外，像是組裝輸送帶送過來的零件這樣的工作，會明確劃分「由誰擔任哪一段工程」，就算不和身邊的工作人員溝通也能順利完成工作。這就是人才合作程度小的團隊。

柔道團體戰型（環境變化程度大×人才合作程度小）可以套用在保險業務團隊上。保險業務必須配合多樣化的顧客，在數週內靈活地反覆拜訪、提案、簽約等循環，可以說是環境變化程度大的團隊。另一方面，從拜訪顧客到提案、簽約大多都由一位業務完成，所以也是人才合作程度小的團隊。

棒球型（環境變化程度小 × 人才合作程度大）可以套用在餐飲店的店面工作人員團隊上。打造一間店鋪，必須花一定的時間，店面的位置和裝潢不會突然轉變，可以說是屬於環境變化程度小的團隊。店內從廚房到大廳、收銀必須一體化，否則無法提供服務。這就是人才合作程度大的團隊。

足球型（環境變化程度大 × 人才合作程度大）可以套用在手機應用程式的開發團隊上。手機應用程式的排名每分每秒都在改變，是個變化非常劇烈的行業，可以說是環境變化程度大的團隊。另外，產品經理、設計師、工程師必須密切合作，一邊討論一邊開發，屬於人才合作程度大的團隊。

過去的日本企業，在打造組織時都認為「聘用應屆畢業生、以年資定薪資、終生僱用」是絕對正確的解答。在高度經濟成長期，所有企業都急遽成長的時候，這的確可以說是絕對正確的解答。然而，高度經濟成長期已經結束，現在必須針對每間公司自身的狀況來打造組織。

打造團隊也一樣，選擇適合自己團隊的行動非常重要。

接下來的團隊分類會以「最好答案」為前提，而不是「標準答案」為考量，配合每個類型探討該如何選擇團隊成員。閱讀時請各位想像自己的團隊比較接近哪一種類型。如此一來，就能夠更深入了解團隊法則。

※對學術背景有興趣的讀者請參照 Theory：柏恩斯與史塔克（Burns & Stalker）「權變理論」。

不換人的團隊才是好團隊？

大多數人對團隊的另一個誤解是，**「不換人的團隊才是好團隊」**，很多人對一起奮鬥的成員離開團隊這件事抱持負面觀感。然而，成員離開團隊或者更換成員真的不好嗎？

這會根據團隊類型的不同而有所改變，我以上一節提到的四大類型為基礎來說明。團隊選擇成員時要考慮的是「入口」還是「出口」呢？入口指的是加入的新成員，出口則是離開時的舊成員。

決定的關鍵在於剛才介紹的分類主軸「環境變化程度」，若環境變化程度小，那就應該考慮入口。因為環境變化程度小，就不需要因應狀況替換成員，只要在加入時徹底嚴選成員，就能讓團隊表現穩定。

這一點可以套用在環境變化程度相對小的棒球運動上，棒球和其他競技相比，是一個和其他選手較少有身體接觸的運動，在本壘的近身戰很少見。當然，要打中對手投出的球，然後由對方接球，這種競技一定會受對方的作戰和行動影響。然而，和直接與對方接觸身體的柔道或足球相比，程度較小。

過去，日本職棒的巨人隊曾經創下V9（一九六五年到一九七三年連續九年第一）的紀錄。V9時代的常規選手，尤其是守備選手幾乎沒有換過人。巨人隊的常規選手只有在V9的第一年（一九六五年）和最後一年（一九七三年）換過四個人。從這個例子就可以看出在環境變化程度小的狀況下，嚴選加入的成員並且長期而穩定合作會比較好。

另一方面，如果是環境變化程度大的類型，注意團隊成員離開的時間點會比較好。因為環境變化程度大，就表示需要按狀況更替成員，降低加入時的門檻，留下每次都能有好表現的成員，讓表現不佳的人離開，這樣的組織架構會讓團隊更能提升整體表現。

環境變化程度大的運動，我以足球為例，足球和其他競技相比，是一個和其他選手較常有身體接觸的運動，團隊必須配合對方每分每秒都在改變的動作以對應現況。

日本足球代表隊在世界盃預賽和正式比賽中，大幅改變策略，也經常改變隊員。這是因為世界盃預賽和正式比賽面對的對手特質完全不同，配合對手特質改變團隊戰略和成員的勝率會更高。從這個例子就可以看出在環境變化程度大的狀況下，降低加入時的門檻，按狀況更換隊員會比較好。

有很多人認為時常替換團隊成員不是好團隊，但在環境變化速度快的狀況下，團隊成員需要一定程度的新陳代謝。因此，替換成員不一定是壞事。

要選擇提高加入和離開的門檻篩選固定成員，還是降低加入和離開的門檻篩選流動成員，其實並不是用數值去判斷，而是像色彩梯度一樣，必須判斷兩者要重視到什麼程度。

如果你的團隊重視加入條件，那麼聘用的時候就必須增加面試的次數或者降低合格率，用嚴格的方式篩選人才；如果你的團隊重視替換條件，那麼就不要簽訂長期契約，而是選擇短期契約，並且搭配嚴格的人事考核方法。

〈團隊的流動性和固定性〉

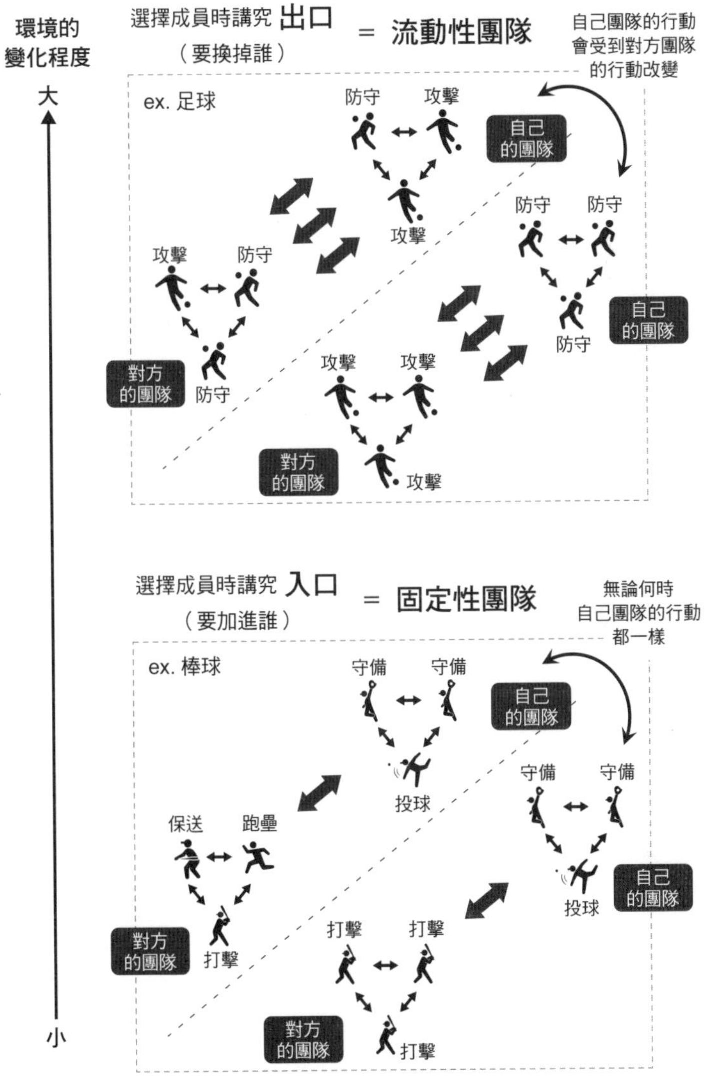
環境的
變化程度
大
小
選擇成員時講究 出口
（要換掉誰）
= 流動性團隊
自己團隊的行動
會受到對方團隊
的行動改變
ex. 足球
防守
攻擊
自己
的團隊
攻擊
攻擊
防守
防守
防守
防守
對方
的團隊
防守
攻擊
攻擊
自己
的團隊
對方
的團隊
攻擊
選擇成員時講究 入口
（要加進誰）
= 固定性團隊
無論何時
自己團隊的行動
都一樣
ex. 棒球
守備
守備
自己
的團隊
投球
守備
守備
保送
跑壘
投球
自己
的團隊
對方
的團隊
打擊
打擊
打擊
對方
的團隊
打擊

配合自己團隊的現況，判斷對固定成員和流動成員的重視程度。意識這一點的狀況下打造團隊，應該就能有效地篩選成員。

「好團隊就該擁有多樣化的成員」這雖然不見得是錯，但是按照狀況不同，應該可以說是**「好團隊就該適時替換成員」**。

尤其是日本企業有聘用應屆畢業生以及終生僱用的制度，會讓組織僵化，所以使得很多人對替換團隊成員有抗拒感。但是，各位一定要了解，根據所處狀況不同，流動性團隊比固定性團隊更容易適應環境。

團隊多樣化才是好團隊？

「好團隊就該擁有多樣化的成員」我想應該有很多人都這麼認為吧，人們經常說要尊重每個人的特質。然而，團隊真的需要聚集不同類型、獨具自我風格的成員嗎？團隊選擇成員時，必須考量「聚集擁有相同能力的人比較好」還是「聚集擁有不同能力的人比較好」。

如果「人才合作程度小」，那麼選擇擁有相似能力的成員會比較好。因為人才合作程度小就表示每項工作都可以由成員自行完成，聚集相同能力且最適合該工作的成員，能讓團隊整體獲得最好的成果。

我把柔道的團體戰拿來當作人才合作程度小的例子，柔道團體戰是個人與對手對戰並把對手摔出場外就結束的類型。無論攻守都要自己一個人承擔，沒有角色分配的問題。這種運動最有效的方式就是，集結擁有相同攻守能力的強大選手。如果能有五個像谷亮子一樣，能夠奪得個人賽金牌的選手，團體戰就一定能拿下金牌。

接力賽一樣也是人才合作程度小的運動，如果能集結好幾名跑速快的選手，獲勝的機率就會變高。從這個例子就能看出，在人才合作度小的活動中，集結擁有相似能力的人才會比較好。

另一方面，「人才合作程度大」的話，最好集結擁有不同能力的成員。人才合作程度就表示一項工作會需要多個成員分擔，每個人根據分配到的內容，各自發揮不同能力。這種時候，把工作分配給擁有不同能力的成員，團隊整體的成果會變得更好。

人才合作程度大的運動，就以足球為例。足球是由成員一起設法將球踢進對方球門的運動，具體而言，會由防止對方射門的人（後衛）、傳球的人（中場）、搶球射入對方球門的人（前鋒）分擔射門得分的工作。隊員各自在自己負責的領域活動，藉由團隊合作取得勝利。

即便在同一隊，前鋒和後衛就需要截然不同的能力。巴塞隆納足球俱樂部的選手梅西是國際公認的最強足球選手，然而無論梅西是多強的足球選手，擁有十一個梅西的隊伍顯然也無法在職業足球界中獲勝。棒球和足球一樣都是人才合作程度高的運動，投手和捕手需要的能力不同。所以，人才合作度大的運動中，集結擁有不同能力的人才會比較好。

究竟要選擇擁有相同能力的人，還是選擇擁有不同能力的人組隊，其實也不是用分數來評斷，而是像色彩梯度一樣，必須判斷兩者之間的平衡性。配合自己團隊的現況，判斷成員應該擁有同質性還是多樣性。意識這一點去打造團隊，就能有效地篩選合適的成員。

〈團隊的同質性和多樣性〉

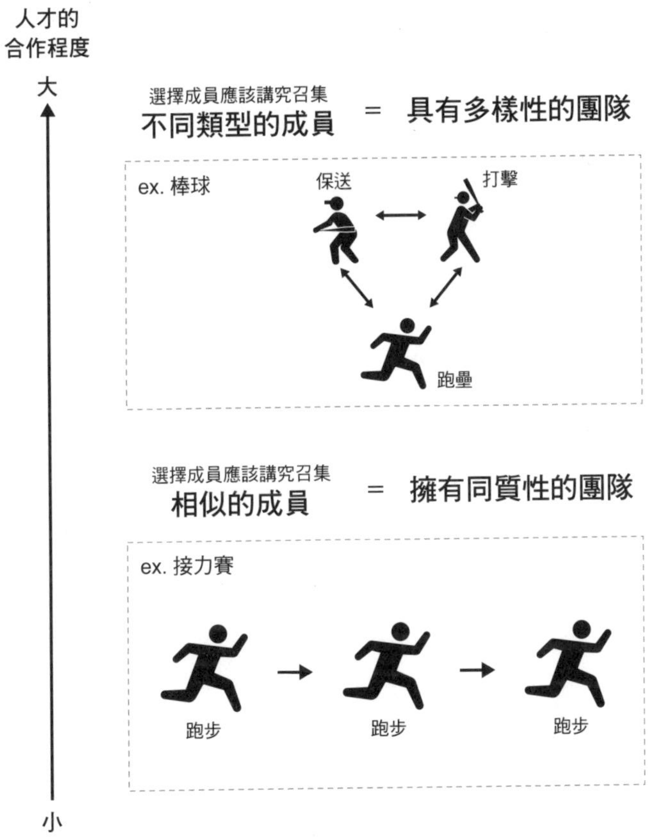
人才的
合作程度
大
選擇成員應該講究召集
不同類型的成員
=
具有多樣性的團隊
ex. 棒球
保送
打擊
跑壘
選擇成員應該講究召集
相似的成員
=
擁有同質性的團隊
ex. 接力賽
跑步
跑步
跑步
小

「好團隊就該擁有多樣化的成員」雖然不見得是錯，只是根據狀況不同有時候**「好團隊就該擁有同質性高的成員」**。近年來很多企業都強調多元化的重要性，所以會讓人覺得團隊成員越多元越好，但根據團隊活動不同，有時並不需要多樣性。另外，就算團隊需要多樣性，也不應該無條件接受各種不同能力的成員，一切都是以配合團隊特性為主。

如果你的團隊在不知不覺中，太過於執著多樣性或者同質性的話，請試著重新審視篩選基準吧！

比起「教父型」團隊，「瞞天過海型」的團隊更強大

日本以前有很多接力賽型的團隊，但現在足球型的團隊越來越多了。過去日本的產業重心是第二級產業，也就是製造業。然而，現在占 GDP 百分之七十五以上的是第三級產業，也就是服務業。商業行為的價值泉源從硬體轉為軟體，製造業的代表企業豐田汽車，開始從汽車公司轉變為移動服務公司，顯示製造業自身已經軟體化、服務化。

硬體的商業行為就像接力賽一樣，明確分類成開發、製造、物流、販售等商業流程，從上游工程到下游工程皆為不可逆的過程。工廠的製造部門和銷售部門的成員，平常大概沒有溝通的機會。

另一方面，軟體的商業行為就像足球一樣，很多案例是開發和製造、物流和銷售有時會需要替換順序，在緊密合作之下進行。開發手機應用程式的第一線，產品經理和工程師幾乎每天開會溝通。接力賽型的硬體商業行為，只要在一個團隊中集結同質性的人才即可，但足球型的軟體商業行為，勢必要集結多樣化人才。

商業行為的環境變化速度越來越快，過去只要商品暢銷過一次，就能維持數年，甚至有可能暢銷數十年。然而，現在曾經暢銷的商品，隔年就可能完全賣不出去，也就是說商業週期急遽變短。

像接力賽型這樣環境變化程度小的商業行為，可以一直採用相同的陣容，但像足球型這樣環境變化大的商業行為，就需要一邊替換成員一邊持續活動。

像這樣，因為商業行為的軟體化或週期變短，日本有很多團隊需要轉為足球型，而非接力賽類型。也就是說，團隊需要集結多樣化成員而非同質性成

〈選擇成員的潮流〉

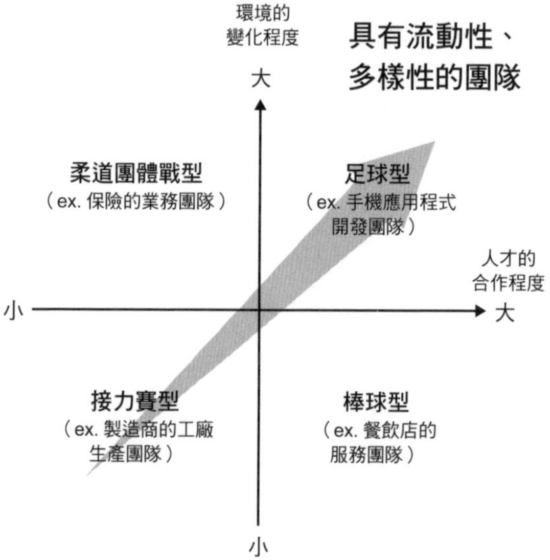

員，團隊成員也需要流動性而非固定性。

雖然有越來越多人認為多樣性的需求增加，但從這樣的商業脈絡看來，這種現象的確象徵著時代對團隊的要求正在改變。日本企業長久以來都以聘用應屆畢業生、以年資定薪資和終生僱用的製作在營運組織，結果使得組織中的團隊成員同質性高而且固定化。

日本經濟團體聯合會的幹部，清一色都是應屆畢業的男性正職員工，用電影比喻的話就像《教父》一樣。《教父》

出現的黑手黨是一個禁止成員離開的固定式團隊，而且成員們都是誓死效忠老大的黑衣男子。成員特質非常均一，習慣營運這種團隊的結果，或許讓日本的很多團隊無意之中養成長年和同質性高的成員相處，不輕易改變的習性。

雖然依團隊的活動、狀況有所差異，但現在需要的應該是電影《瞞天過海》那樣的團隊，而非《教父》。《瞞天過海》每次計畫都會重新召集成員，另外也會透過搭配、應用有特殊專長的成員，讓團隊擁有絕佳表現。最後，在計畫結束之後就解散，這就是具有流動性和多樣性的團隊。

日本人就像「島國眼界」、「村落社會」這些代表性詞彙一樣，在封閉的空間中，習慣了幾乎沒有流動性和多樣性的團隊。然而，現在這個時代，需要能配合活動讓團隊具有流動性和多樣性的成員。

具體案例

AKB48 的 CD 總銷售量創下歷代女歌手第一名

在此我想介紹擇才法則的具體案例。女子團體歷屆專輯銷售量第一的 SPEED 曾創下一千九百五十四萬六千張的紀錄，但就在二〇一二年，AKB48 超越這個紀錄成為女團歷代專輯銷售第一的王者。之後，AKB48 的 CD 銷售張數仍然持續成長，二〇一八年在女歌手圈中一枝獨秀，CD 總銷售突破五千萬張。

AKB48 的 CD 銷售張數之所以能夠成長到這個程度有很多原因，譬如和粉絲之間建立的關係以及 CD 銷售方法等，但我認為這和成員的流動性有關。傳統的偶像團體成員毫無流動性，總是以出道時的成員持續演藝活動，就算中途有人退團導致人數減少，也幾乎不會遞補。

SPEED 雖然集結能唱能跳的成員，但最後因為成員想退團等因素解散。她們的演藝活動持續三年半，後來因成員無法應對狀況的變化而解散。

AKB48 應該是第一個採用流動式架構的偶像團體，成員理所當然地以「畢業」的形式退團，但會透過「第〇期生」的方式定期加入新成員，補足退團的人數，保持健全團隊的新陳代謝，這也是為什麼 AKB48 的 CD 銷售張數紀錄可以維持約十年。即便成員有狀況，這樣的流動性也能夠帶動新陳代謝，這就是團隊持續因應環境後的結果。

擇才法則總整理

「由誰來做」和「做什麼」一樣重要，甚至更會影響團隊表現。如果你認為團隊成員已經固定，自己無力可回天，首先要改變的就是這種想法。現代社會是高度發達的網路社會，而且人才流動性越來越高，比以前更容易從外部親手召集成員。

團隊成員不是別人給的，而是要自己去找、去發現，然後帶回來，有無這樣的自覺，會讓團隊有大幅的改變。在召集成員時有明確的方針，知道現在團隊需要什麼樣的成員，才能成功找到你需要的成員。徹底理解自己團隊的特性，找出團隊欠缺的能力時，就能遇見那個能為團隊帶來嶄新可能性的成員。

核對清單

□你是否能描述現有團隊的特徵呢？

□團隊成員是否有適當的多樣性？

□團隊是否有適當的流動性？

□你是否了解團隊成員需要哪些特質？

□你對召集或篩選成員有沒有貢獻？

第 3 章

溝通（Communication）的法則

〔打造最棒的空間〕

【Communication】
不可數名詞／①聯絡、傳達　②資訊、訊息、信件
③溝通、共鳴、情感上的連結

是否能引出並充分應用團隊成員的能力，
取決於彼此如何傳達與連結。

法則

團隊內的溝通少比較好

團隊目標已定、成員也已經篩選完畢，接下來就需要成員彼此有效合作才能達成目標。針對這一點，有很多人抱持誤解。

「團隊內的溝通越多越好」

為了讓成員之間能有效合作，無論任何團隊都需要成員間緊密溝通。然而，溝通真的多多益善嗎？我們以學校的社團活動為例，假設你是排球社的社員。社員之間的合作如果都要透過溝通，會發生什麼事呢？明天要幾點開始練習，必須每天決定並且通知所有人。另外，還必須每天討論花多少時間練習舉球、傳球、扣球、接球和發球。

大家應該感覺到了吧，這樣會花太多時間成本在溝通上。那麼該怎麼做才

〈規則與溝通之間的關係〉

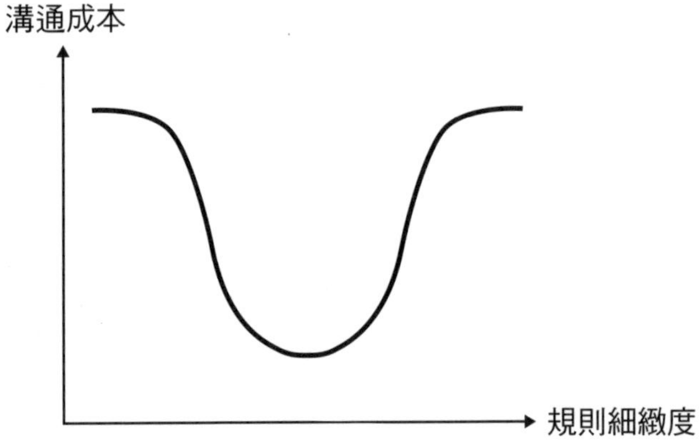

能降低溝通的成本呢？最有效的做法就是訂定規則。只要事前訂定每天的練習時間以及該怎麼分配練習的動作，就能大幅減低溝通的複雜度。

為了讓成員之間的合作有效率、有效果，無論什麼團隊都必須制定固定的規則。那麼換個角度思考，凡事都仔細訂定規則，成員之間的合作效果和效率就能持續提升了嗎？

只要有心，想訂定多少規則都行。以剛才的排球社範例來說，不只能訂定練習開始時間和分配動作，甚至還可以規定誰和誰練習傳球、要傳幾次之後再練習扣球、第一個進體育館和最後離開的人是誰、和教練打招呼的時候要鞠躬幾度等等。

但是制定太過詳細的規則，反而會使效果和效率下降。其實本來就有很多事情不靠規則而是隨機應變比較好，而且太過詳細的規則大多都用不到。也就是說，規則如果太過繁瑣，反而會有反效果。設定一定程度的規則，超過的部分再透過溝通解決，這才是團隊成員彼此有效果、有效率合作的關鍵。

不是**團隊內的溝通越多越好**，而是**越少越好**。

在溝通的法則這一章，我將說明有效的規則與溝通的設計方法。

設定規則的四大重點

針對設定規則，也有很多人有偏見和誤解。譬如：

「好團隊就該讓成員擁有裁量權」

「團隊內最好區分清楚責任範圍」
「只評價過程就會變成不重視結果的團隊」
「好團隊不需要仔細確認過程」等。

雖然這些觀念不見得錯誤，但也未必正確。

「規則越多越好」
「好團隊不該讓成員擁有裁量權」
「團隊內最好不要分清楚責任範圍」
「評價過程會讓團隊有成果」
「仔細確認過程才是好團隊」

這些情況也可能發生。

就像前一章提到的，根據團隊所處的狀況不同，該用什麼方針營運會有所不同。我會使用前一章提到的團隊四大類型，來介紹團隊應該如何設計規則。

閱讀時請釐清自己的團隊屬於哪一種類型，再來思考應該套用什麼規則。

※對學術背景有興趣的讀者請參照 Theory：艾琳・梅爾「文化地圖」（好優文化）。

規則 1　要增加還是減少規則？（What：規則的設定粒度）

這裡要介紹的是團隊制定規則時的重點，以及任何團隊都能通用的 4W1H。第一個重點是 What：規則的設定粒度，所謂的設定粒度就是決定要把什麼東西規則化。首先，先思考自己的團隊需不需要訂定詳盡的規則，我們用前一章的團隊四大類型套用看看吧。

人才合作程度小的活動，不需要詳細的規則，因為只有在成員之間合作時才需要規則。不需要合作的團隊，大部分都靠自己的判斷更有效。反之，人才合作程度大的活動如果沒有事前詳細訂定規則，可能會耗費太多溝通成本。

另外，環境變化程度大的活動，也不需要詳細的規則，因為就算訂定規則，只要狀況改變就很可能不適用。反之，環境變化程度小的活動，訂定詳細的規則反而能持續應用。

柔道團體戰型的團隊規則越少越好，棒球型的團隊規則越多越好，接力賽型和足球型的團隊則是介於中間。其實，棒球型的每個成員行動都可以套用詳細的規則暗號，而且每次比賽，選手都會遵循暗號行動。

商業活動中，在餐飲店招呼顧客之類的服務，就像棒球型團隊一樣規則越多越好，透過服務指南徹底規定成員的行動，這樣的方式很有效。另一方面，足球比賽中雖然有既定的規則，但是需要按照每次比賽判斷的程度比棒球更多。根據對方出手的方式，狀況會劇烈改變，所以選手必須不受規則束縛，並且在每個瞬間選擇適合自己的踢球方法。

相對而言，如果是第一線的工程師要製作手機應用程式，就會需要像足球隊一樣的隨機應變，成員透過溝通彼此合作會比擬定規則更好。

規則設定的重點①

What：設定粒度

規則少 ⟷ **規則多**

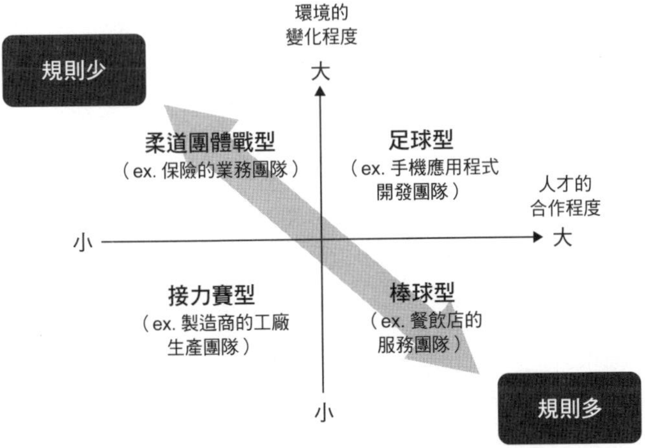

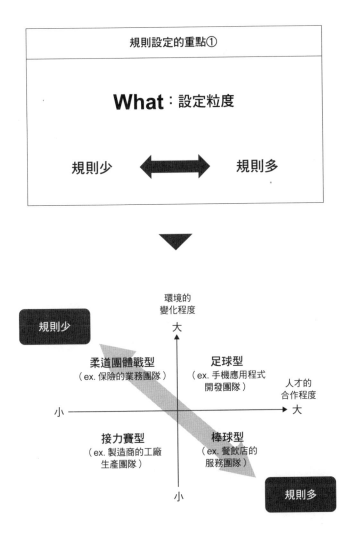

規則2　由誰做決定？（Who：規定權限的規則）

設定規則的第二個重點是Who：規定權限的規則。決定好要增加還是減少規則之後，下一步就是要規定權限，規定權限就是一件事由誰決定、決定到什麼程度。必須明確劃分成員可以自行決定到什麼程度、從哪裡開始由團隊一起決定，否則團隊效率就會變差。此時，該由成員決定還是團隊或領導人決定，就需要訂出大方向。

人才合作程度小的工作，成員自己決定工作並不會產生問題，因為成員們可用自己最佳的方式累積經驗，讓團隊獲得效益。反之，人才合作程度大的工作，如果沒有主管或規則去規範，很可能會產生大問題。因為成員的工作必須密切合作，所以必須做出最佳判斷，才能提升團隊成果。

另外，環境變化程度大的工作，可以由成員自行決策，如果事事都需要主管或團隊一起判斷，就無法快速應對。反之，環境變化程度小的工作，視情況仰賴主管或團隊的判斷，更能妥善應對。

套入四大團隊類型的話，柔道團體戰型的團隊可以自行決策，棒球型的團隊則是由主管或團隊做決策會比較好，接力賽型和足球型的團隊則是介於中間。其實柔道團體戰在開始比賽後，選手就沒有餘力一一在意教練的指示了，畢竟比起在意教練，更需要把所有注意力都放在對手身上。

在商業行為中，保險業務當然需要仰賴上司的判斷，但若沒辦法觀察每位顧客的狀況並自行做決策，業績絕對無法提升。

另一方面，棒球出每一招都是由總教練或教練指示，再由選手確實執行。如果教練沒有指示，絕對無法完成在打者揮棒的同時壘上跑者跑壘這種需要高度合作的打帶跑戰術。

以製作手機應用程式的情況來說，若每個工程師都靠自己判斷、各自寫程式，就會變成錯亂的系統。必須在看清每個團隊的狀況下，訂定由誰決定什麼事等權限規定。

規則設定的重點②

Who：規定權限

由成員決定 ⟷ 由團隊（領導者）決定

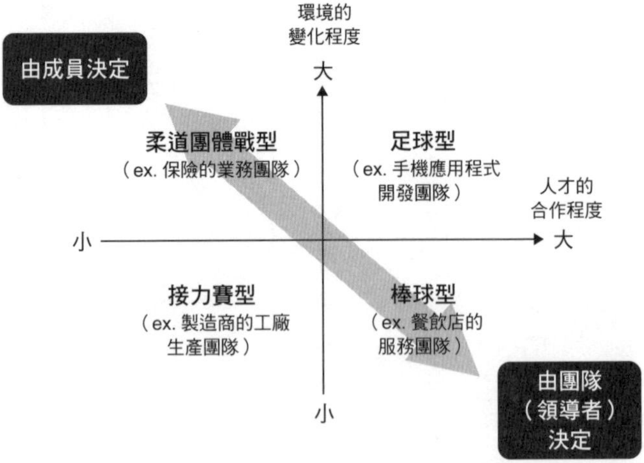

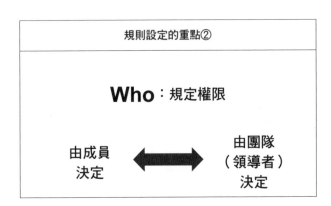

規則3　要負責到什麼程度？（Where：責任範圍的規則）

設定規則的第三個重點是Where：責任範圍的規則。確定由誰下決定之後，接下來最好設定責任範圍的規則。責任範圍是指每個人要負責到什麼程度，釐清團隊裡每個成員的責任範圍，選擇讓成員只對自己的部分負責還是對整體成果負責，朝其中一個方向制定規則。

人才合作程度小的工作，比較容易釐清個人的責任歸屬，讓成員只負責自己的部分，才能各自專注在自己工作上。另一方面，人才合作程度大就表示即便個人的責任範圍有一定程度的劃分，仍沒辦法徹底分清楚，所以就要採取對整體成果負責的做法比較好。

另外，環境變化程度大的工作，必須因應狀況改變每個人的責任範圍。這種時候，個人責任範圍就要保留一定程度的彈性和模糊，比較能夠應對狀況的變化。反之，環境變化程度小的工作，一旦決定責任歸屬就不需要改變，所以明確區分責任範圍會比較好。

套入四大團隊類型的話，接力賽型的團隊最好讓隊員為自己的部分負責，足球型的團隊不只對自己的部分負責，也要為團隊負責；棒球型和柔道團體戰型的團隊則是介於中間。其實，接力賽中每位選手負責自己的部分，就是創下最好的完跑時間，對團隊的勝利來說無疑是最重要的獲勝關鍵。

在商業行為中，工廠生產線上的員工各自負責操作並且不犯錯最重要，而保險業務員自己承擔責任也是提升業績的關鍵。

足球比賽必須視情況，做出超越自己責任範圍的貢獻。守門員的角色是防止失分，但如果在賽末點以一分之差輸給對方，就必須超越自己的責任範圍去踢定點球。

開發手機應用程式的第一線，有時需要工程師直接聽取顧客需求，設計師則需要和產品經理一起企劃，在跨越職種的狀態下一起製造產品。釐清責任範圍固然重要，但讓成員對團隊整體的成果負責也一樣重要。

因此，先了解各團隊的狀況，訂立每個人要負責到的責任範圍吧。

規則設定的重點③

Where：責任範圍

對個人成果負責 ⟷ 對團隊成果負責

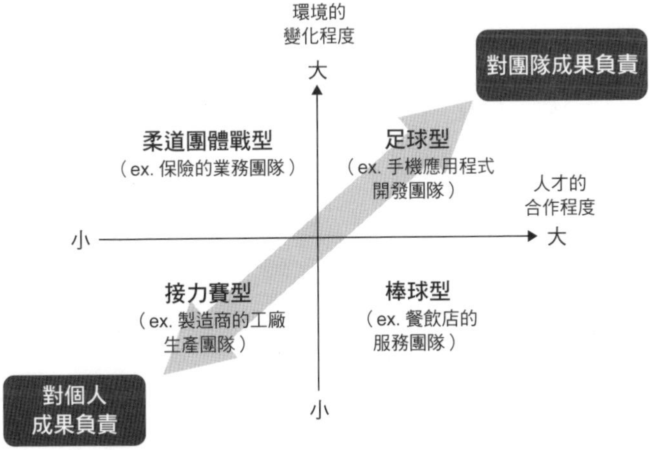

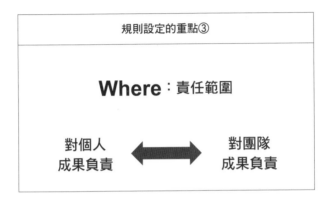

規則4　評價什麼？

（How：評價對象的規則）

設定規則的第四個重點是How：評價對象的規則。確定成員的責任範圍之後，接下來就要設定評價對象的規則，看是要評價最後成果還是包含執行過程一併評估，這也必須事先制定好規則。

人才合作程度小的工作，能輕易把團隊整體成果分解到每個成員身上，因此應該評價每個人的成果。另一方面，人才合作程度大的工作是透過成員複雜的合作創造團隊成果，所以很難將成果分到每位成員身上，所以評價執行過程會比較容易。

另外，環境變化程度大的工作，成員為獲取成果應採取的行動會隨狀況改變，所以可以把最終成果當成評價對象。反之，環境變化程度小的工作，容易在事前規劃，所以也能評價執行的過程。

柔道團體戰型的團隊可以把最終成果當作評價對象，棒球型的團隊則應該評價執行過程，足球型和接力賽型的團隊則是介於中間。

在商業活動中，保險業務的團隊成果能輕易分解到每個成員身上，只要以誰賣出幾份保險就很容易把簽約數字量化為個人成果。這種情況下，比較適合用成果來評價成員。

另一方面，餐飲店的員工就很難把團隊成果拆解到每個成員身上，畢竟我們沒辦法把店鋪的銷售額分解到廚房、外場、收銀等每個成員的個人業績。這種情況下，就要用執行過程來評價成員。看清楚每個團隊的狀況，訂定評價對象的規則。

規則設定的重點④

How：評價對象

評價成果 ⟷ **評價過程**

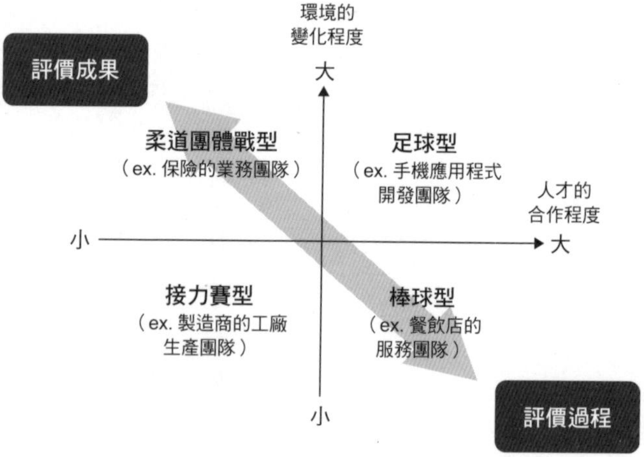

規則5　要確認到什麼程度？（When：確認頻率的規則）

設定規則的第五個重點是 When：確認頻率的規則。確定好評價對象之後，接下來最好設定確認頻率的規則，確認頻率指的是什麼時候確認、確認到什麼程度。此時必須訂定規則，規範包含執行過程都要頻繁確認或者等最終結果出現之後再確認。

商業行為中的開會次數、管理帳務的更新頻率和運動競技中的暫停次數，都是確認頻率的表現。請套入四大團隊類型思考看看吧，合作程度小的團隊，只要自行管理自己的進度即可，不用經常確認團隊整體的進度也沒關係。另一方面，人才合作程度大的團隊需要共享、確認彼此的進度。

另外，環境變化程度大的團隊，遇到狀況改變時最好重新調整行動方針，所以最好經常確認團隊整體的進度。另一方面，環境變化程度小的團隊，因為變化少，不常確認也沒問題。因此，必須在看清每個團隊的狀況下，訂定「要多常確認」等確認頻率的規則。

足球型團隊應該在過程中頻繁確認，接力賽型團隊則不需要經常確認，棒球型和柔道團體戰型的團隊則是介於中間。足球比賽的每個階段，選手都必須為應對每一刻的變化而互相確認。在商業行為中，手機應用程式開發團隊也必須頻繁互相確認狀況，才能打造良好的產品，透過會議、通訊軟體等工具進行日常溝通非常有效。

而接力賽的選手之間幾乎不需要對話，每個人專注在自己要跑的那一段更重要。在商業行為中，工廠的生產線團隊只要每週由團隊成員內部溝通或主管與成員溝通，工作就能順利進行。

規則設定的重點⑤

When：確認頻率

不常確認 ⟷ **經常確認**

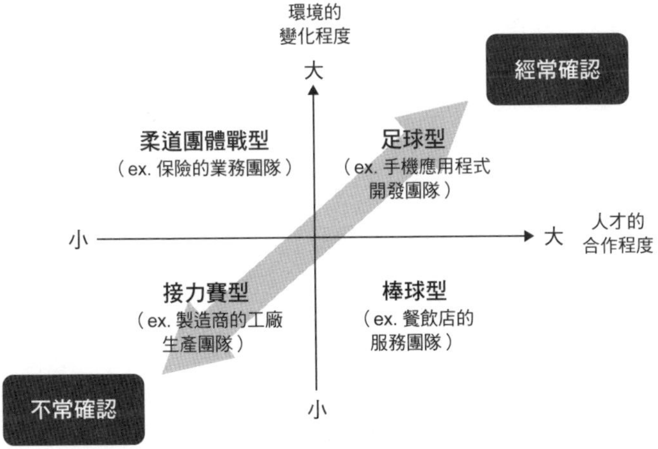

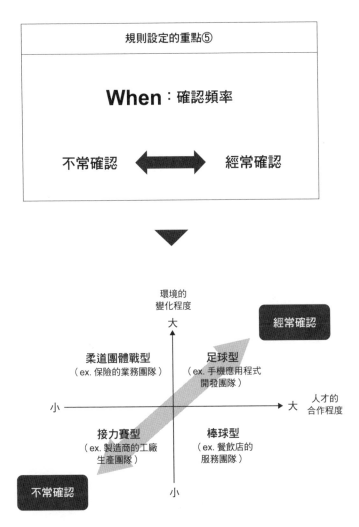

〈規則的 4W1H〉

縱軸：環境的變化程度
橫軸：人才的合作程度

What
（設定粒度）

規則少 ⟺ 規則多

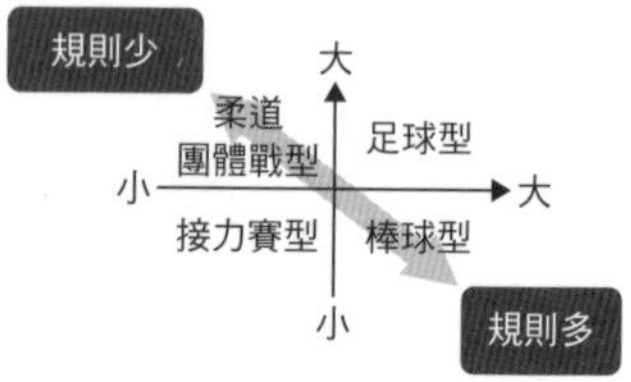

Who
（規定權限）

由成員決定 ⟺ 由團隊（領導者）決定

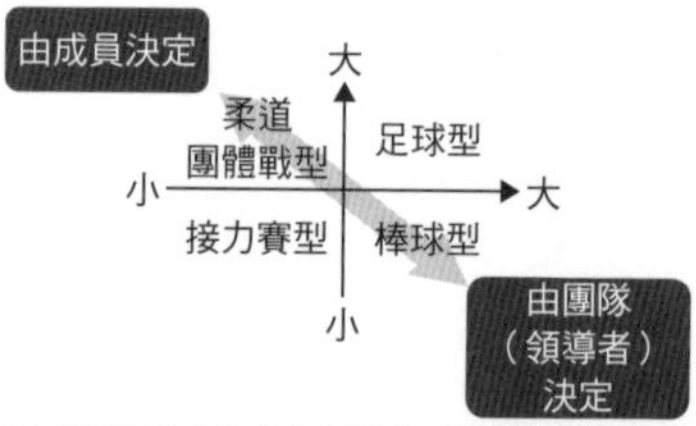

Where
（責任範圍）

對個人成果負責 ⟺ 對團隊成果負責

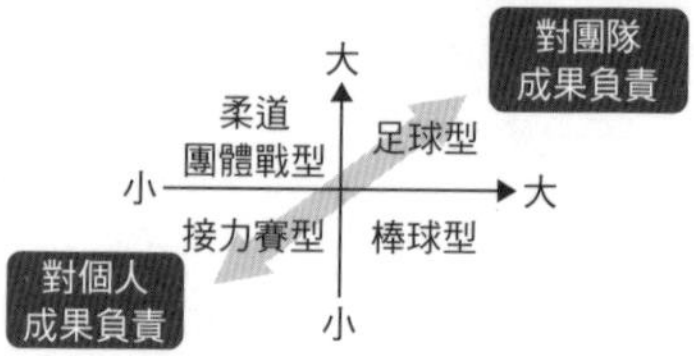

How
（評價對象）

評價成果 ⟺ 評價過程

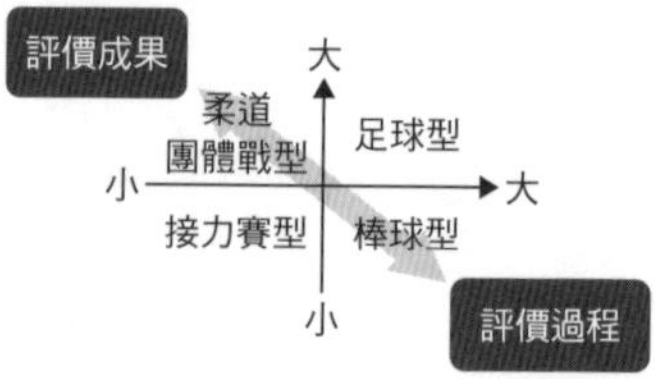

When
（確認頻率）

不常確認 ⟺ 經常確認

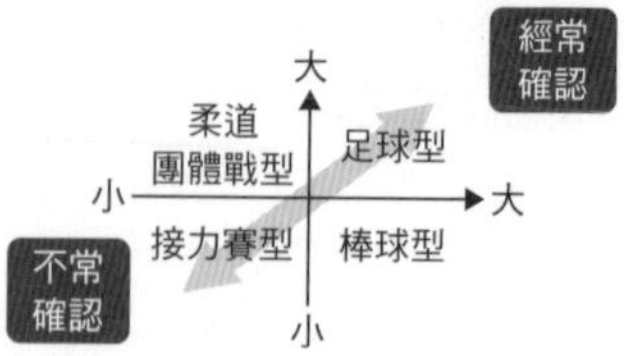

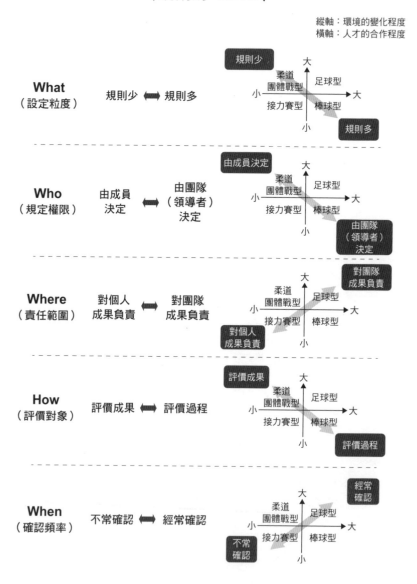

如果你的團隊都沒有訂定規則，只靠每天的溝通確保成員之間的合作的話，會非常沒效率。請使用 4W1H 的法則設計適合團隊的規則，降低溝通的複雜度吧。

情緒會阻礙溝通

不過，就算透過規則降低溝通的複雜度，團隊成員之間仍然需要溝通才能有效合作，那麼該怎麼做才能在團隊內有效溝通呢？

「團隊內的溝通最好簡潔有力」

很多商管書都建議溝通要簡短。的確沒有必要講很久，但溝通並不是越簡潔越有效率，這又是為什麼呢？因為在討論溝通方法時，大多著眼在要傳達什麼的內容上。然而，無論溝通的內容如何改變，團隊內的成員都有可能叫不動，而叫不動的原因就在於情緒。

「反正那個人不懂啦。」
「就算我行動也改變不了這個團隊。」
「果然，這個團隊不需要我。」

反正、就算和果然，這些詞彙表示個人對團隊或其他成員的負面情感，這些負面能量會阻礙對溝通內容的理解、共鳴以及之後採取的行動。這種情況下，就算再怎麼琢磨傳達內容，都會被對方的負面情緒干擾，導致溝通無效。

必須改變的不是要對成員傳達的內容，而是由誰、在什麼場合傳達。即便是同樣的內容，聽的人也會因為由誰來講、在什麼場合得知而影響情緒。由誰來講、在什麼場合得知是溝通的最大前提，接下來，為了建立良好的溝通背景，必須擺脫**「團隊內的溝通最好簡潔有力」**的思維，而是採用**「團隊內的溝通可以不必簡潔」**的想法。

首先，先來介紹讓團隊成員的負能量轉為正能量的溝通方法。

先理解別人，才能被理解

全球暢銷書《與成功有約》（天下文化）提到國際級的成功人士都具有哪些習慣。這裡要介紹的其中一項習慣就是先理解別人，才能被理解。這是一種改變思維的思考方式，作者認為人類在想要別人理解自己時，往往不被理解，但是試圖先理解別人，別人就能理解自己。

中國有一句成語叫做「士為知己者死」，春秋戰國時代，晉朝的智伯被趙襄子殺死，智伯的家臣豫讓拚命想為主人報仇，結果被捕了。行刑前，趙襄子問豫讓為什麼要做到這個程度，豫讓便回答了「士為知己者死」這句話。他侍奉的智伯非常了解自己的能力，因為感念智伯的重用之恩，豫讓才會想為智伯報仇。這個故事彰顯了人類的特質，就是願意為理解自己的人做事。

為了排除含有負面情緒的想法，讓成員感受到自己被理解是最有效的。也就是說，即便內容相同，由不懂我的人傳達和由懂我的人傳達，會讓聽者的情緒大幅改變。

溝通由「誰」來做非常重要。

為了讓對方覺得被理解，團隊成員必須了解其他人的經歷、感受、志向和能力。了解團隊成員的這些個人情報後再來溝通，效果會大幅提升。

譬如，想把某位成員調去當主管助手時，告訴對方「我希望你去當主管的助手」和「我希望你去當主管的助手，因為你說過學生時期曾在社團當副手（經歷），過得很充實對吧（感受）。那這個工作一定也能勝任愉快」一樣都是傳達，但說到對方心坎的程度完全不同。

對某個經常犯錯的成員說「我希望你更仔細慎重對待工作，不要再犯錯」和「我希望你更仔細慎重對待工作，不要再犯錯。因為你很擅長企劃（能力），如果未來想要當企劃經理（志向），工作時就要兼顧計畫性和縝密性喔」，兩句話的差別當下立見。

互相了解團隊成員的經歷、感受、志向和能力，就能用完全不同的出發點傳達給對方，說到對方的心坎並且打動對方。

你了解團隊成員的人生嗎？

應徵工作時常會被問到「你至今最努力做的事情是什麼」之類的問題，其實這不是了解對方最有效的問法。數十年的人生中，只談其中幾週或幾天的事情，是無法了解對方的人生經歷的。換句話說，這麼做只能用「點」的方式了解對方，沒辦法用「線」的方式掌握。

另外，這個問題只能了解對方的經歷，如果想要徹底了解對方，其實應該要了解透過這個經歷讓對方有什麼樣的感受。也就是說，不只對方的經歷，還要深入挖掘感受，才能從線到面的全面了解對方。

在人事領域中，整體了解對方經驗的問題稱為「水平問題」；不只問過去的經驗，還深入挖掘感受的問題稱為「垂直問題」。然而，準確地問出水平問題和垂直問題並不容易。因此，我想介紹能夠輕鬆掌握對方經歷和感受的「動機曲線圖」。

「動機曲線圖」的橫軸為時間、縱軸為動機，以曲線呈現變化。曲線高點和低點用對話框寫上發生的事件，將出生至今的時間設定為橫軸，就能夠以線

〈動機曲線圖〉

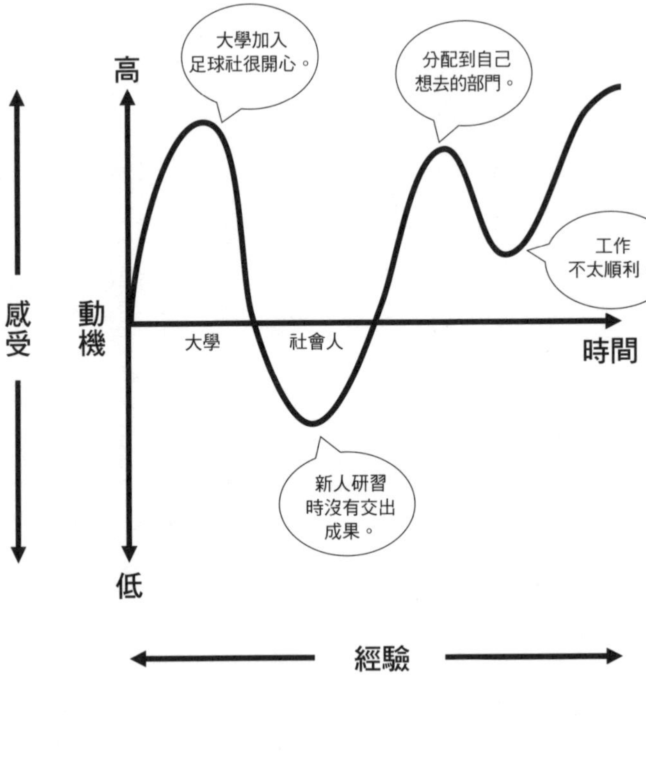
大學加入
足球社很開心。
分配到自己
想去的部門。
工作
不太順利。
新人研習
時沒有交出
成果。
高
低
動機
感受
大學
社會人
時間
經驗

的方式了解對方的經歷。另外，藉由請對方用曲線描繪動機圖，就能以面的方式了解對方當時的感受。

我們大多只知道團隊成員的現在，透過經歷和感受等主軸理解對方的過去，就能配合對方的背景溝通，請務必讓你的團隊成員製作一份動機曲線圖並且和大家共享。團隊溝通時一定會變成懂得考量對方過去的經歷與情感，而且成員彼此的溝通也會從單向的傳達，轉變成說到對方心裡的真心話。

若不了解對方的特質，溝通就無法成立

除了了解對方的經歷和感受，再加上掌握志向和能力等特徵，溝通就更能夠配合對方的背景。在 Link and Motivation Inc. 公司，人才聘用與教育會應用了解志向的「動機類型」以及了解能力的「可攜式技能」的商業框架。

為了掌握肉眼看不見的志向和能力就必須先學會分類，動機類型和可攜式技能就是能夠淺顯易懂分類志向和能力的方法。

「動機類型」表現出人對思考和行動的欲望，可以分為「行動型」（達成

支配型欲望）、「接收型」（貢獻調停型欲望）、「思考型」（理論探求型欲望）、「感受型」（審美創造型欲望）四大類型。

「行動型」（達成支配型欲望）擁有想從頭到尾靠自己的力量變強、想成功、想影響周遭、盡力避免意識薄弱的狀態和依靠別人的欲望。容易對「勝負」、「敵我」、「損益」等關鍵字有反應，聽到別人稱讚「好厲害喔」就會很開心。

「接收型」（貢獻調停型欲望）擁有想貢獻他人、想維持和平避免紛爭、想保持中立、認為合作比競爭重要的欲望。容易對「善惡」、「正邪」、「愛恨」等關鍵字有反應，聽到別人說「謝謝你」就會很開心。

「思考型」（理論探求型欲望）擁有想吸收各種知識、想探究複雜的事物、盡力避免光靠毅力行動以及無計畫狀態的欲望。容易對「真偽」、「因果」、「優劣」等關鍵字有反應，聽到別人說「你說得沒錯」就會很開心。

「感受型」（審美創造型欲望）擁有想創造新事物、想規劃有趣的事、希望別人理解自己的個性、盡力避免平庸以及重複做相同的事的欲望。容易對「美醜」、「苦樂」、「好惡」等關鍵字有反應，聽到別人說「好有趣喔」就

〈動機類型（志向）〉

行動型（達成支配型欲望）	接收型（貢獻調停型欲望）	思考型（理論探求型欲望）	感受型（審美創造型欲望）
容易產生反應的關鍵字	容易產生反應的關鍵字	容易產生反應的關鍵字	容易產生反應的關鍵字
勝・負 敵・我 損・益	善・惡 正・邪 愛・恨	真・偽 因・果 優・劣	美・醜 苦・樂 好・惡
聽到會開心的句子	聽到會開心的句子	聽到會開心的句子	聽到會開心的句子
「好厲害喔。」	「謝謝你。」	「你說得沒錯。」	「好有趣喔。」

〈可攜式技能（能力）〉

外向能力	⟷	內向能力	父性能力	⟷	母性能力	右腦能力	⟷	左腦能力
決斷力	⟷	忍耐力	主張力	⟷	傾聽力	嘗試力	⟷	計畫力
歧異力	⟷	規律力	否定力	⟷	包容力	改革力	⟷	推動力
爆發力	⟷	持續力	說服力	⟷	支援力	機動力	⟷	執行力
冒險力	⟷	慎重力	統率力	⟷	合作力	發想力	⟷	分析力
應對自我能力			應對他人能力			應對課題能力		

會很開心。

了解動機的分類之後，應該就能比較容易掌握對方的志向。「可攜式技能」就是可以帶著走的能力，也就是無論業界或職種都需要的能力，包含「應對自我能力」（行動和思考方式的自我控制能力）、「應對他人能力」（對他人的控制能力）、「應對課題能力」（課題和工作的應對處理能力）三項。

「應對自我能力」又分成決斷力、歧異力、爆發力和冒險力等外向的能力，以及忍耐力、規律力、持續力和慎重力等內向能力。

「應對他人能力」又分成主張力、否定力、說服力和統率力等父性能力，以及傾聽力、包容力、支援力和合作力等母性能力。

「應對課題能力」又分成嘗試力、改革力、機動力和發想力等右腦能力，以及計畫力、推動力、執行力和分析力等左腦能力。

了解內向或外向、父性或母性、右腦或左腦等能力的傾向，會比較容易掌握對方的能力。請務必讓你的團隊成員先確認能力的傾向，除了在團隊內共享自己的類型和能力，並且在每天的溝通中注意對方的志向和能力。

譬如對方屬於行動型加上父性技能，就可以在拜託對方工作時加上一句

「你的統率力（能力）非常好（志向），所以想把這件事交給你辦」。如此一來，團隊溝通一定會從單方向傳達，最終成功打動對方。

我們往往只能看到團隊成員的行為，但是只要了解行動背後的志向和能力，就能達到配合彼此背景的溝通。溝通不順利是因為在溝通時以「我和他人一樣」為前提，然而每個人都有不同背景，就算是同樣的內容，也會有不同的接受方式，甚至產生完全不同的情緒。

了解團隊成員的經歷、感受、志向和能力，就能理解自己和對方的差異，能夠達到有效率的溝通，以利實現團隊的目的。

「反正、就算、果然」會扼殺創意

剛才介紹了要注意溝通者是「誰」，要讓對方感受到這個人很懂我，這樣就能消除阻礙溝通的負面情緒。接著，我想介紹溝通的「場合」。

團隊合作時，會遇到各種問題，必須找出有效的解決方法並且確實執行，否則就無法達到目標，所以成員們要在團隊內共享自己的問題和新點子。然而，很多團隊都會因為場合導致溝通受阻，因為成員對團隊往往抱持「反正、就算、果然，在這裡說了也沒用」的情緒。即便成員發現團隊有問題，腦中也有解決問題的點子，往往會藏在心裡不說。明明只要把困難點和解決方案拿出來討論，很多問題都能解決，但成員們的負面情緒卻阻礙了解決問題的路。排除這種場合的負面情感、營造讓人積極發言、行動的重要思考方式就是「心理安全」。

最近廣受矚目的一件事，就是Google營運時開始重視這種心理安全。只要團隊擁有心理安全，營造能讓人積極發言並行動的環境，對共享、解決問題非常重要。

展現自我，創造心理性安全

造成心理不安的原因可分成四大類。

第一類是擔心會被當成無知之人（Ignorant）的不安，在這種恐慌蔓延的環境下，會讓人很難發言或採取行動。為了防止這種情況，提供坦率問問題的機會，是最有效的方法。

人會感受到不安，通常是認為如果問了不怎麼樣的問題，可能會讓其他成員不高興。因此，必須積極告訴對方無論什麼問題都可以問，讓大家了解問題本身就是一件很棒的事。

只要打造出這種環境，就能消除被當成無知之人的不安。反之，如果被別人說「你連這種事都不知道嗎？」就會導致心理不安。這樣可能會導致成員只能處在無法徹底了解團隊的狀況，也無法透過詢問消除不安。

第二類是擔心會被當成無能之人（Incompetent）的不安，因為害怕被別人認為這傢伙也沒什麼大不了而變得消極，所以對團隊隱藏自己的失敗。

要應對這種狀況，保留分享失敗的機會，營造不害怕失敗、勇於挑戰的環境非常有效。透過讓團隊成員分享自己的失敗，營造一起從中學習、成長的環境，令人感覺到失敗並不壞，壞的是隱藏失敗以及無法從中學習。

相對而言，如果對失敗的成員顯露出「這點小事都辦不好」的態度，就會令這位成員突然充滿負面思考。

第三類是擔心會被當成害群之馬（Intrusive）的不安，為了避免成員因為害怕打斷團隊討論而不積極發言，保留促進發言的機會很有效，營造偶爾中斷討論發表個人意見的風氣很重要。因為過度害怕中斷討論，經常會讓難得出現的靈感錯失和團隊共享的機會。如果成員發言後其他人給予「剛才說的話有意義嗎？」這種反應，就會陷入惡性循環。

第四類是擔心會被當成批評魔人（Negative）的不安，因為害怕反對團隊方針，會被其他成員當成什麼都反對的批評魔人，大家就很可能會變成不動腦思考的YES MAN。為了降低這種風險，必須保留發表相反意見的機會，營造和別人不一樣也沒關係的環境。

這種情況下，不能說的NG語句就是「才不是這樣」，只要減少這樣的發言，營造能夠說出相反意見的風氣，溝通就會越來越順暢。

如果你的團隊內對發言和行動顯得不安或恐懼，請和大家分享這裡介紹的NG語句，然後試著打造坦率提問、分享失敗、促進發言和說出相反意見的對話場合。

如果透過這四大行動，創造團隊中的心理安全，就能營造讓團隊成員輕鬆

〈心理安全的四大重點〉

成員容易出現的不安	團隊不應該說的話	團隊應該創造的機會	成員因此產生的心理
擔心會被當成無知之人（**Ignorant**）	「你連這種事都不知道嗎？」	坦率提問	「什麼都可以問。」
擔心會被當成無能之人（**Incompetent**）	「這點小事都辦不好。」	共享失敗	「失敗也沒關係。」
擔心會被當成害群之馬（**Intrusive**）的不安	「剛才說的話有意義嗎？」	促進發言	「可以踴躍發言。」
擔心會被當成批評魔人（**Negative**）	「才不是這樣。」	相反意見	「和別人不一樣也沒關係。」

積極行動或發言的背景（脈絡）。

※ 對學術背景有興趣的讀者請參照Theory：艾米．埃德蒙遜「心理安全」。

這個時代需要的是溝通而非規則

在環境變化速度越來越快的狀況下，團隊規則也會很快就變得陳腐。這個時代本來就很難在行動前找出成功模式並且仔細訂定規則。每個時代都一樣，溝通的複雜度會因為規則而減輕。然而，現在這個時代比起規則更需要透過溝通，由團隊成員隨機應變彼此合作。面臨始料未及的各種問題，成員必須隨時對話、貢獻智慧以跨越困難。

然而，團隊內的溝通卻比以前更困難。過去很多團隊的成員清一色都是「應屆畢業、男性、正職員工」這樣同屬性的人。

然而，現在勞動市場流動性（轉職率）比以前高，企業組織也更多元了。一個團隊裡同時有中途聘用的員工和女性員工、約聘和派遣人員，甚至還有外籍員工，這種情形並不罕見。如果成員像以前那樣屬性相近，或許能夠找到溝通的節奏，但現在需要比過去更細膩、更體貼對方價值觀和情感的溝通能力。

最近，「1on1」的做法廣受矚目。這是指上司每週或每月一次和下屬一對一面談，在矽谷有很多公司都採用這種方式。日本雅虎公司也採用這個做法，引發話題。

1on1 不只是為了人事考績或業務管理，也是為了支持屬下成長而撥出這樣的時間。考績面談往往會變成上司對屬下單方面的溝通，但 1on1 透過徹底傾聽屬下的心聲，重視建立上司與屬下的信賴關係。

上司藉由徹底聆聽業務內容以及下屬的經歷與狀況，能夠更加理解對方。另外，不加以否定或者給予指示，以傾聽和支援的方式就能營造心理安全。

1on1 受到許多企業矚目，顯示團隊內的溝通變得越來越重要，團隊成員彼此的互相理解與團隊內的心理安全確實能造就有效的溝通。

在團隊內要實施 1on1 的話，請務必注意溝通法則中介紹的「互相理解」與「心理安全」。

〈溝通的潮流〉

過去的成員

應屆畢業生、男性、
正職員工、日本人

今後的成員

＋中途聘用
＋契約派遣員工
＋女性
＋外國人

「默契」已經不管用

▼

過去的溝通模式

一般會議

那項工作
什麼時候
結束？

以業務管理為重心

溝通重點在於「做什麼」

＋

今後的溝通模式

1on1

有沒有遇到
什麼困難？

**以相互理解、
心理安全為重心**

溝通重點在於
「什麼人」、「在哪裡」

具體案例

倫敦奧運女子排球項目榮獲銅牌

在此要介紹溝通法則的具體案例。在二〇一二年的倫敦奧運中，真鍋政義總教練帶領的女子排球隊暌違二十八年奪得獎牌。真鍋教練赴任時，團隊幾乎沒有溝通，選手對於真鍋教練述說的排球願景也毫無反應。集訓時，教練單獨指導不擅長接球的選手時，其他選手認為那是特別待遇而吐露不滿，團隊內的溝通非常不順利。

因此，真鍋教練以「致力傾聽選手的聲音」為標語，每天都和選手邊吃飯邊聊天。另外，還花了一週的時間和所有成員單獨面談，透過提問掌握每個人的個性。接著將這些資訊整理成資料，思考適合每個人的搭話、相處方式。除此之外，為了確實掌握每位選手的狀況，教練團分工合作，每天邊喝啤酒邊聊選手的狀況。

真鍋教練專注於團隊內的互相理解，打造溝通基礎，之後才終於能夠達到專注於致勝戰術的溝通。結果，剛開始對真鍋教練的行動毫無反應的選手，變得會主動提議戰術，也會積極和教練商量職涯規劃。

真鍋教練說：「我應該是世界上最常和選手溝通的教練吧。我對這一點很有自信。」這就是促進團隊內互相理解後，排除負面情感、實踐溝通的案例。

甘迺迪避開古巴危機

關鍵五法則以及溝通法則不只能應用在商業和體育競技，還能活用在政治場合中。一九六一年，逃亡至美國的古巴部隊「反革命傭兵軍」試圖顛覆祖國古巴的卡斯楚革命政權。

美國總統甘迺迪召集政要討論是否支援反革命傭兵軍，討論時提倡侵略古巴的人怕自己的計畫風險會變高，所以從團隊裡踢掉國務院的中間派成員。除此之外，也不站在公平的立場請專家提供意見。

就這樣在沒有相反意見和討論之下，忽略了許多重要前提就決定支援反革命傭兵軍，最後作戰以失敗告終，史稱豬玀灣事件。追究敗北的原因，發現問題出在當初在討論是否支援時，沒有經過充分的溝通所導致。

事件發生後，甘迺迪總統記取教訓，在討論時加入有效的程序，以便做出最好的決定。譬如在會議中指示團隊拋棄一般程序的規則；另外讓小組製作兩種行動方針，並且寫出對彼此提案的批判資料。總統刻意不出席每次會議，好讓出席者可以毫無顧忌地陳述意見。

其中，最有效果的就是「惡魔的代言人」手法，讓總統身邊的兩個人擔任「惡魔的代言人（刻意唱反調的人）」角色，徹底分析新提案的風險和弱點。結果，這些苦工促成適當的討論，據說透過這些方法做的決策讓美國避開之後的古巴危機。像這樣刻意設定提出反對意見的角色，也是令人產生心理安全、讓團隊討論有建設性的有效手段之一。

皮克斯初次登場便創下連續第一名的紀錄

最後再舉一個文化圈的具體案例，電影作品是否暢銷的波動性（擺動幅度）很大，甚至有人說拍電影就像賭博，而電影製作公司皮克斯在這樣的環境中，還能持續創作熱銷作品獲得成功。

電影經常以「史蒂芬．史匹柏導演作品」的導演名稱為賣點，不過皮克斯製作的電影則經常用「皮克斯作品」宣傳，這在電影業界是非常罕見的事。為什麼公司名稱會比導演還有名？只能說因為皮克斯很擅長以團隊的形式製作電影，皮克斯不依賴一位頂級人才的能力，而是透過精準的團隊合作。

一般電影的製作過程，是由導演獨自思考故事架構，直到有一定的內容後才開始團隊製作。另一方面，皮克斯在思考框架的階段就不會獨自進行，而是集結數名可信賴的成員一起討論，據說在框架出來之後，也會召集所有成員再次討論，透過團隊的力量，催生出暢銷大作。

皮克斯的電影製作流程中，有許多能讓團隊成員發表創意的方法。在「Brain Trust」委員會，為了排除製作作品時的各種妥協，每幾個月就會召集工作人員，互相評價製作中的作品，但也規定導演不需要聽從其他人的批評。

「每日進度檢視」的工作坊（The Dailies）會要求動畫師必須每天把未完成的作品給導演和其他動畫師看；「反省會」是在作品完成後，所有工作人員一起回顧哪裡順利、哪裡不順利，整理成能應用在下一部作品上的教訓；「紙條日」（Notes Day）會召集所有成員，花一整天時間討論如何讓公司更好。

這些措施的共通點就是讓團隊擁有心理安全，而且團隊成員又能徹底共享作品的問題與創意，這就是心理安全活化團隊溝通的案例。

溝通法則總整理

為了讓團隊有更好的表現，需要成員之間的有效合作，而有效的合作來自有效的溝通。由於社會的流動化、多樣化，一個團隊內有不同背景的成員已經是常態了，光靠默契已經不管用，溝通能力比過去更重要。如果你的團隊只停留在團隊內的溝通多多益善的階段，請馬上設計戰略性的溝通方法。

首先必須設計適當的規則，盡量減少不必要的溝通，以加強效率。除此之外，請投資在乍看之下並非必需的互相理解的溝通、能夠安心發言的溝通。執行這些方法，就能創造以互相理解與心理安全為基礎的有效溝通，並且達到團隊成員有效合作的目的。溝通法則能讓成員的合作產生加乘效果，成為真正的團隊。

核對清單

□團隊活動的規則是否明確？

□團隊成員是否有機會了解彼此的過去和特質？

□團隊的氛圍是否能讓成員共享問題和創意？

□你是否能做到以成員的過去和特質為基礎的溝通？

□你是否能在毫不恐懼、毫不迷惘的狀態下，對成員說出自己感受到的問題或想法？

第 4 章

決策（Decision）的法則

〔明示前進的道路〕

【Decision】

不可屬名詞／①決定、決斷　②決心、決意

每個團隊都會不斷遇到分歧點，
決定該往哪裡，也會決定團隊的命運。

法則

沒有人會教你的正確決策方法

決策不只影響團隊活動，更大大影響一件事的成敗，我們的所有行為都是透過決策的累積而成立。你現在閱讀這本書也是無數決策下的結果，如果你當時沒有去書局、在書局買了別的書、把時間用在其他事情上，你現在就不會讀這本書了。

我們有時會面對非常困難的抉擇，升學、工作、結婚……在人生的各種岔路上做的決策，會決定我們過著什麼樣的人生。對個人來說，決策有時很困難，但團隊的決策比個人更困難。

「三個臭皮匠，勝過一個諸葛亮」這句諺語的意思是，多幾個人討論，會比一個人更容易出現好點子和好結論，不過社會心理學則反對這個說法，認為多數人一起討論反而會產生不恰當的決策。很遺憾，無論在學校或是公司，都沒有機會理論性、系統性地學習決策方法。決策法則中會說明讓團隊迅速做出適當決策的方法。

※對學術背景有興趣的讀者請參照Theory：簡尼斯「團體迷思」（Group Think）。

獨裁vs.多數決vs.協商

我在這裡想介紹多數人對團隊的誤解。

「好團隊就是大家一起討論再做決定」

真的是這樣嗎？

團隊決策分為三種，第一種是獨裁，在團隊中某個人的獨斷之下做決策；第二種是多數決，提出幾個選項，傾聽所有成員的意見，採用多數人贊同的選項；第三種是協商，這是由成員一起討論導出結果的做法。

各位覺得哪一種決策方式最好？這些決策方式未必只有一個最好，每種做法都各有優缺點。根據選擇哪種決策的方式，獲得成員支持的容易度和做決策耗費的時間長短會出現變化。

獨裁除了決策者以外，任何人都不干涉最終決定，所以當然是最難獲得成員支持的方法。反之，一個人獨斷也是最不花時間的做法。另一方面，協商會讓成員參與決策，最容易獲得成員支持，但是因為需要大家一起討論，所以也是最花時間的。

日本大多數人都在民主主義中成長，所以無論有意還是無意，都偏向大家一起決定比較好的思考方式。然而，**「好團隊就是大家一起討論再做決定」**的思考方式在要求速度的時候是無法發揮功能的，所以**「由某個人獨自決策才是好團隊」**其實也大有應用的機會。

很多團隊會出現成員希望大家一起商量再決定，但是領導人覺得我自己決定比較快的思想上的落差。決策時，團隊內的立場落差，會讓成員心生不滿或產生壓力。

團隊做決策時，在開始討論之前先決定使用哪種決策方法非常重要。決定決策方法後，必須充分理解方法的長處和短處並且盡量減少缺點。實際做決策

三種決策方法

獨裁

在團隊中某個人的
獨斷之下做決策。

多數決

由團隊成員投票，採用
獲得多數人贊同的選項。

協商

由成員一起討論並
導出結果的做法。

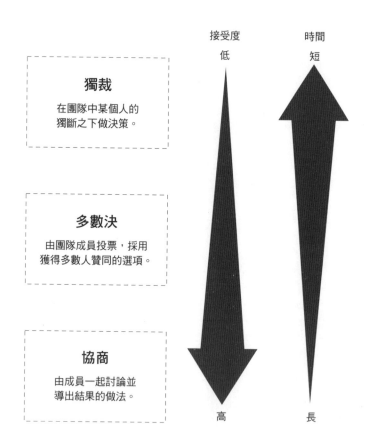

時，很多時候會組合多種方法，譬如盡力協商還是無法得出結論時，就改用獨裁的方法決定。只要了解決策方法的優缺點，就能更有效地組合應用。

協商講求速度和事前安排

首先，我想先介紹決策方法之一的協商，該怎麼做才能有效應用。協商最大的缺點就是很花時間，所以必須思考如何快速做決策。

社會心理學者查理斯．凱普納（Charles H. Kepner）和社會學者班傑明．崔果（Benjamin B. Tregoe）建構了一個將解決問題與決策思考過程系統化的「KT式理性思考法」（正式名稱為 Kepner Tregoe Rational Process）。他們研究美國空軍實際解決問題與決策的狀況，發現優秀的工作人員不論職位或資歷，在行動前都有一個共通的思考過程。

KT式理性思考法分成「掌握狀況（SA：Situation Appraisal）」、「分析問題（PA：Problem Analysis）」、「決策分析（DA：Decision Analysis）」、「分析潛在問題與時機（PPA：Potential Problem／Opportunity Analysis）」四

部分。

其中，決策分析是從多個選項中選出最佳結論的過程，也是迅速協商的第一步，更是訂定選擇的基準。接著要按照選擇基準排出優先順序，然後選出符合基準的數個選項。最後，選擇符合基準而且優先順序最前面的選項。

人們往往會在選項之間比較，然後突然開始討論要選擇哪一個，但這麼做永遠都無法得出結論。用這樣的方式討論就算有結果，也是在搞不清楚情況之下獲得的結論。

我們用例子來思考看看吧。我們公司推出的組織改善雲端服務「MOTIVATION CLOUD」決定要用電視廣告宣傳，於是必須討論該選擇哪位藝人。第一個步驟是提出選擇基準，電視廣告的目的是希望更多人知道這個服務，並且進一步導入企業使用，所以藝人的選擇基準就必須在目標客戶圈具有知名度。

不過，知名度並不是越高越好，還必須和雲端服務累積的品牌形象一致。當然，費用便宜的話就更好了。因此，選擇基準就訂為「目標客戶圈內的知名度」、「品牌契合度」、「成本」。接著，將這三項基準列出優先順序。

組織改善雲端服務是一項以企業為對象的服務，決定是否導入的都是經營階層或人事相關人員、現場負責人等人決定。我們不能選擇在目標客層知名度低的藝人，因此第一優先的選擇基準就是藝人的知名度。

另一方面，這是一個高收益的服務，所以即便需要多花點成本，只要電視廣告有效果，就能夠回收投資額，於是成本就是最後的選擇基準。接著要選出符合選擇基準的選項，譬如人氣新生代女演員、重量級演員、知名藝人等。最後，以選擇基準評價每個選項。

以「目標客戶圈內的知名度」、「品牌契合度」、「成本」這三個基準為基礎，評估人氣新生代女演員、重量級演員、知名藝人後，發現重量級演員雖然從優先順序最後的「成本」觀點來看，評價分數低，但最優先的基準「目標客戶圈內的知名度」評價分數高，所以最後選擇用重量級演員。

在決定選擇基準的優先順序前就先比較選項，會非常耗費時間。如果每個成員都以不同理由推薦人氣新生代女演員、重量級演員、知名藝人，就會一直無法做決策。

即便有結論，選擇這個選項的原因，也很可能無法運用再現性進行說明。

STEP3　列出選項

STEP1　列出選擇基準

STEP2　排定優先順序

	人氣新生代女演員	重量級演員	知名藝人
優先順序① 目標客戶圈內的知名度	◎	◎	△
優先順序② 品牌契合度	△	○	△
優先順序③ 成本	○	△	◎

請各位務必記住，為了讓團隊快速協商並且讓結果擁有再現性，第一要務就是決定選擇基準和優先順序，而非選項本身。

「正確的獨裁」會讓團隊獲得幸福

有很多人認為團隊決策最好由大家一起討論再做決定，這可能是因為在歷史上，民眾曾經透過民主化奪回由血統認定的威權體制。

然而，大家一起討論再做決定這種協商方法最大的缺點就是花時間，反之，無論是由領導者做最後決策或者事先授權由該領域的某個人做決策，由某個人做決定的獨裁決策方式能夠達到壓倒性的迅速。

近年來的環境變化越來越快，決策太花時間對商業行為來說很可能變成致命傷。數十年間，日本企業中市值排名前幾名的軟銀和迅銷控股公司（UNIQLO），皆由孫先生和柳井先生等經營者直接下達決策，可以說是商業圈中講求速度的象徵性案例。

那麼獨裁的決策方法該怎麼應用呢？獨裁並非完全不收集資訊，也不是不聽任何人的意見。決策者充分收集必要資料、聆聽各方給予的意見再做決定，這對提升決策精度來說非常重要。

然而，比這個更重要的是不能太拘泥於好的決策、正確決策，決策者必須專注在強勢決策、迅速決策上。假設現在必須從兩個選項中選出一個，很多時候各個選項的優點和缺點都勢均力敵。

我們用排球社為範例來思考看看吧。譬如「扣球練習量最好比接球大」到底是優點比較多還是缺點比較多，意見通常會分歧，所以才需要做決策。像是「團隊成員最好不要偷懶，都來練習」這種很明顯是優點大於缺點的事情，就不需要做決策。

極端地說，團隊之所以被迫做決策，就是碰到優點百分之五十一而缺點百分之四十九的狀況。如果是這樣的話，與其煩惱哪一個選項才會是優點百分之五十一、缺點百分之四十九，還不如快速下決定。

迅速做決策之後，就有更多時間能夠執行。據說軟銀的孫先生就是用「快棋理論」做決策。快棋理論指的是，西洋棋中思考五秒下的棋和思考三十分鐘下的棋，其實有百分之八十六都是同一招，所以最好盡量在五秒鐘內下完棋。

據說他就是以這種思考方式為基礎，盡快做決策。

如果想著要做好決策、正確的決策難免會投入太多時間，決策者以上述的思考方式，強勢、快速才是最好的選擇。團隊中如果同時存在贊成和反對的聲音，有時決策者會因為在意反對的聲音而難以決定。所以，決策者不能害怕孤獨，為了團隊要學會迅速而且強勢。

如果你的團隊還不習慣迅速、強勢的決策方式，可以先戒除延後決定小事情的習慣。從決策的觀點確認會議內容就會發現，團隊經常會用「之後再說吧」、「先跟那位成員確認後再決定」等藉口拖延決定，所以要學會用當場做決定的態度開會，團隊的決策能力就會大幅提升。

另外，做決策後有無確實執行當初的選擇、讓選擇變成正確答案比決策本身更重要。如此一來，原本優點只占百分之五十一的選項也會增加到百分之六十、百分之七十。

然而，很多團隊成員會對已經做好的決策吐露不滿，「其實另一個選項比較好吧」、「為什當初會選這個啊」導致沒有確實執行。在做決策之前，當然要告訴決策者資訊和意見並且充分討論，一旦做了決定，事後再來說另一個比較好，一點用也沒有。

決策者和成員都必須了解選項的優點占百分之五十一、缺點占百分之四十九，而且擁有親手把決策者的決定變成正確答案的氣魄。要讓獨裁的決策成功，需要決策者本人和執行者們的努力。決策者不能害怕反對聲浪和孤獨，必須一個人做決定。但是，成員不能讓決策者孤立無援，這一點會成為團隊決策非常重要的後盾。

獨裁者應該擁有「影響力的泉源」

截至目前為止，我說明了：**「團隊決策的成敗由領導者決定」**這一點沒有錯，但是**「團隊決策的成敗由決策後成員的執行度決定」**也是事實。決策者以外的成員是否贊同、執行決策，會受到決策內容、誰是決策者所影響。

一樣的內容，由A先生來說就讓人聽得進去，但由B先生來說就沒人想聽，這就表示A先生比B先生更有影響力。那麼，影響力的來源究竟是什麼呢？影響力有五大泉源。

第一是專業，也就是擁有令成員「佩服」的技術和知識。
第二是互惠，提供令成員「感激」的支持和關心。
第三是魅力，擁有令成員「仰慕」的外表或內心的魅力。
第四是嚴格，擁有令成員「害怕」的規律和威嚴。
第五是一致，擁有讓成員認為「堅定不移」的方針和態度。

決策者是否擁有這五大影響力，會大幅影響團隊成員對決策的接收度。讓擁有五大影響力的成員成為決策者，或者讓決策者培養這些影響力，就能讓所有成員贊同並執行決策，提升決策的成功率。

※對學術背景有興趣的讀者請參照 Theory：羅伯特．席爾迪尼《影響力：說服的六大武器，讓人在不知不覺中受擺佈》。

具體案例

NASA 阿波羅十一號登陸月球表面

這裡要介紹決策法則的具體案例。一九六九年，阿波羅十一號完成人類初次登陸月球表面的壯舉。身為第一次踏上月球表面的人類，船長阿姆斯壯留下「我的一小步，是人類的一大步」這句名言，讓許多人感動不已。

美國的太空開發其實比蘇聯晚，史上第一個有人的太空飛行是由蘇聯太空人尤里·加加林駕駛東方一號完成的，當時還留下「地球很藍」的名言。阿波羅計畫是美國為了挽回局面，由美國國家航空暨太空總署（NASA）自一九六一年到一九七二年執行的太空開發計畫。

結果，阿波羅計畫在阿波羅十一號完成初次登陸月球之後，實現了共六次人類登陸月球的壯舉，締造人類史上的科學技術偉業，獲得為人津津樂道的大成功。

NASA 的阿波羅十一號登陸月球表面的團隊在決策時，經常從「要把什麼當作選擇基準」開始討論。

什麼時候發射、使用哪個公司的零件、要在某零件上花多少錢等許多決策，都會先討論哪個選擇基準的優先順序在前面，而非選擇哪個方案，藉此累積迅速且具再現性的決策。之後，這種決策方法被系統化為決策分析（DA），在決策相關教科書中也有記載。

新加坡的高度經濟成長

我再介紹另一個具體案例。新加坡是個國土狹小、資源稀少的小島國，但在一九六五年獨立之後，經濟便開始急遽成長。包含獨立前的時間，五十年間創下每年成長百分之七點八，二〇〇〇年左右也有超越百分之五的成長率，最近二十年的名目 GDP 更成長了四點三倍。現在新加坡每人的 GDP 已經比日本還高。

新加坡雖然是民主主義國家，但是新加坡第一代首相李光耀執行的是獨裁統治，李光耀分析「每個國家都是先有經濟發展才有民主主義，民主主義不可能促成經濟發展」。接著，他徹底壓制在野黨，維持三十一年的獨裁政權。在野黨候選人當選的地區，甚至透過政府支援等手段讓對方處於不利的狀況。說到亞洲的獨裁政權，很多人會想到北韓，所以也有人揶揄新加坡是「光明版的北韓」。

在李光耀的獨裁政權下，新加坡有效率地實行經濟成長必要的政策。在經濟政策上，為了吸引外資企業，政府發揮領導力，一一建設機場、港灣、道路、通信網路等基礎建設；在教育政策方面，導入嚴格能力主義式的分流教育系統以及英語菁英教育，培養人才是新加坡最大的資源。

對外資企業大開門戶，令國民擔憂這麼一來不就無法培養自己國家的產業，而且自己的工作機會可能會被奪走。另外，在分流教育系統中沒有被選中的人才，也會心生反感。

然而，李光耀堅持只要胸懷大志，不必討好任何人，只要有需要，他不惜施行大家反對的政策。李光耀的獨裁決策手法，可以說對新加坡的發展有莫大貢獻。很多人對獨裁有負面印象，但根據狀況不同，獨裁也有可能發揮絕佳效果，新加坡就是一個很好的例子。

決策法則總整理

關鍵時刻的決策比成員累積的行動更能決定團隊表現的好壞，如果你的團隊不重視決策，那麼團隊就會往錯誤的方向前進。

首先，請先決定要用什麼方法做決策，領導者不能害怕成員反對，必須大膽做決定，然後由所有成員一起讓團隊的決定變成正確答案。

透過讓所有成員共享面對決策最適當的態度，決策的精度就能大幅提升。屆時，你的團隊就會進化成能夠強勢開拓前景的隊伍。

核對清單

□團隊是否能選擇最適合當下狀況的決策？

□團隊是否能做到迅速且有再現性的討論？

□團隊決策者是否能做到不害怕孤獨，勇敢決斷？

□你是否能將決策者的決定變成正確答案？

□你是否能在需要做決策的時候，強勢、快速下決定？

第 5 章

共鳴（Engagement）的法則

〔竭盡全力〕

【Engagement】

可數名詞／①婚約　②約定

成員們在團隊中的所有行為並非理所當然，
要持續保持高度的動機，
需要成員與團隊之間擁有連結。

法則

就算是頂尖人才也會被動機影響

這裡又要介紹大家對團隊的誤解。

「專家不會被動機影響」

真的是這樣嗎？

團隊活動時，成員們的各種行為背後都有動機。motivation 通常被解釋為「動機」，但是查詢字典就會發現，動機指的是引起行動的顯意識、無意識原因。我在這裡把動機定義為，選擇某個行動的理由。

假設排球社的某個成員要參加練習，無論是在顯意識或無意識之中，都存在動機。每天參加團隊練習已經變成理所當然的時候，往往會讓人產生沒有動機的錯覺，但沒有任何人會毫無理由地在做某件事。因為除了參加排球社的練習以外，還有很多選擇，譬如不去練習而是出去玩，或者轉到其他社團。在有其他選項的狀態下，選擇參加練習就一定有原因，這就是動機。

另外，動機不只分有無，還分大小。假設在排球社的練習中，練習方案A「能讓技巧進步，但很辛苦」；方案B「技巧進步有限，但很輕鬆」。一般而言，選擇方案A就表示對團隊活動有很大的動機，有理由選擇參加團隊練習，獲得更好成績，就表示成員對團隊練習有很大的動機。

無論人再怎麼專業，所有行為都受動機影響。有人認為，在大環境的變化下，動機也不能被影響，所有專業人士都必須擁有高度自制力。只是，無論你多專業，多少都會受動機影響。

譬如，即便選手自制力再強，碰到沒有觀眾、教練蠻橫無理、隊友相處不佳的狀況，也會喪失動力。或許會有人主張：「不，即便如此，專業人士還是要打起精神參加練習和比賽！」不過，當年薪歸零，還能說出這樣的話嗎？如果要棒球選手去踢足球，選手還能抱持平常心嗎？無論多專業，碰到這種狀況還是很難保持高度專注力。不要為一點小事影響動機、不認同動機這種東西，這些都不在我們討論的範圍內。

人不是機械，所以包含無意識的行動在內，所有行為都和動機有關。不是**「專家不會被動機影響」**，而是**「所有的團隊成員都受動機影響」**才對。

開頭提到團隊內的成員各有不同的動機。對不練習而是出去玩、轉到其他社團也是有原因的。然而，在打造團隊時，最重要的就是選擇對團隊成果有所貢獻的動機。

區分對團隊貢獻的動機和其他動機時，會採用共鳴（Engagement）這個詞，Engagement 直譯的話其實是婚約的意思，我們可以簡單地理解成「連結團隊與成員」的方法。這一章將說明有效的共鳴以及提升成員貢獻欲的方法。

動機科學化～光憑幹勁無法讓人動起來～

大家對動機的誤解之一就是：

「為了提升成員們的動機，領導者熱情的激勵非常重要」

動機很容易和幹勁、毅力混淆，更慘的是有很多人認為，只要大喊：「提起幹勁！」、「你們有沒有毅力啊！」、「再積極一點！」就能提升團隊成員的動機或共鳴。

然而，這些都不是最適當的方法，要提升成員的動機，最重要的是什麼？行銷領域中，要提升顧客對商品購買欲，有4P這種概念。分別是產品（Product）、價格（Price）、流通（Place）和廣告宣傳（Promotion）四大項。同樣的，提升共鳴度也有4P。分別是理念和方針（Philosophy）、活動和成長（Profession）、人才和風氣（People）、待遇和特權（Privilege）四項。

請想像上大學之後要選社團時，比起足球或棒球，你比較喜歡排球，所以打算加入排球社。這是因為你被排球這個運動吸引，也就是活動（Profession）的魅力。接著，雖然一樣都是打排球，但A社團的目標是成為日本第一，而B社團則是開心打球，假如你選擇了B，就表示你感受到該團隊的方針（Philosophy）魅力。

在開心打球的排球社宗旨中，假如因為C社團有意氣相投的前輩在，所以你選擇了C，那這就是以人才（People）為基準做出的選擇。

〈共鳴的 4P〉

假設一樣都有和自己意氣相投的前輩在，但D社團有很多畢業生在知名企業任職，而你覺得對未來求職有幫助而選擇了D社團，那就是受到特權（Privilege）的影響。

無論社團活動、同好會還是公司，選擇要參加的團隊時，應該都是在感受到4P的其中一個魅力後才做出選擇。提升4P的魅力，才可能提升團隊共鳴。另一方面，為了找出能讓自己很有動力的團隊，首先必須要明確知道自己覺得4P中的那一項有魅力，從這個觀點選擇能感受到魅力的團隊非常重要。

要在團隊的什麼位置引發共鳴？

為增強團隊的整體共鳴，戰略性地分析4P中哪一項能加強共鳴是有效的手段。團隊的資源（金錢或時間）有限，所以不可能無限制地回應成員的需求。因此，需要戰略性資源分配，整理出哪些可以實現，哪些無法實現。

譬如某團隊的理念方針、活動成長、人才風氣和待遇特權各有七十分，這裡有四名團隊成員，A先生是對理念方針較有共鳴的類型；B先生是對活動成長較有共鳴的類型；C先生是對人才風氣較有共鳴的類型；D先生則是對待遇特權有共鳴。這種時候，四人的共鳴程度為七十分，團隊的整體共鳴總量為七十×四＝兩百八十。

假設另一個團隊的理念方針魅力有一百分，其他三項的魅力各有六十分，共鳴總量和剛才的團隊一樣。然而，四位成員都是對理念方針比較有共鳴的類型，這種時候，四位的共鳴程度都是一百分，所以團隊的整體共鳴總量達到四百分。

當然，團隊中的4P都達到最大更好。不過，加強共鳴感需要耗費時間和金錢，從加強共鳴的觀點來提升投資效果，就必須找出4P當中哪一個魅力最大，再用這一點當作共鳴的源頭召集成員，專注於提升該項魅力非常重要。

譬如麥肯錫、瑞可利、迪士尼，各大媒體都曾介紹過，在這些企業工作的員工，對公司和顧客的貢獻欲強，也就是共鳴感強。從外部觀察，我認為這些企業都有一個共通點，那就是他們很重視員工的共鳴泉源以及企業提供的4P。

麥肯錫靠活動成長的魅力團結員工，很多員工都是因為「年輕時就能從事困難、大規模的嶄新工作」這個動機在麥肯錫工作。大多數的員工認為自己負責什麼樣的案件，比和什麼樣的同事工作重要。

另一方面，瑞可利則是靠人才風氣的魅力團結員工，訪問年齡層較高的瑞可利員工時，幾乎所有人都說因為這裡有「充滿魅力的前輩」，幾乎沒有人回答「想從事資訊媒體的工作」。另外，瑞可利的員工認為，雖然有時會使用「上司『掌握』屬下」這種獨特的表達方式，但這也表示職場的人際關係提高了員工的共鳴度。

除此之外，迪士尼是靠理念方針的魅力團結員工，很多員工被夢想國度、天堂和家庭娛樂等概念吸引，甚至有人覺得只要能在迪士尼工作，無論負責哪

〈哪一個團隊的共鳴總量較大？〉

〈團隊 X〉

	成員的期待		團隊的魅力	
成員 A	理念方針	↔	理念方針	**70**
成員 B	活動成長	↔	活動成長	**70**
成員 C	人才風氣	↔	人才風氣	**70**
成員 D	待遇特權	↔	待遇特權	**70**

共鳴總量 280（=70*4 人）

〈團隊 Y〉

	成員的期待		團隊的魅力	
成員 E	理念方針	↔	理念方針	**100**
成員 F	理念方針	↗ (理念方針)	活動成長	**60**
成員 G	理念方針	↗ (理念方針)	人才風氣	**60**
成員 H	理念方針	↗ (理念方針)	待遇特權	**60**

共鳴總量 400（=100*4 人）

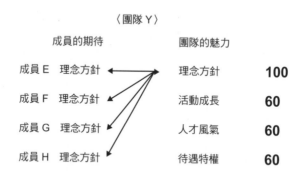

個設施、擔任什麼職務、薪水多少都不在意。

因為4P中的任何一項而團結都各有優缺點，如果是靠活動成長團結員工，就必須注意角色分配或提供機會的問題，領導者和成員在工作時間外的交流也能夠減少溝通的成本。

反之，如果是靠人才風氣團結員工就必須投資溝通成本，不過相對地分配角色或提供機會也會比較容易，不太需要在意成員的志向。理念方針類型的公司分配和溝通的成本低，但要如何讓成員和團隊的目標一致很重要。另外，和理念方針不一致的新行動可能會讓成員難以接受。

想提供完整的4P，就必須負擔高昂的溝通、分配和目標設定等成本。然而，前面提到的企業，讓員工感受到什麼的魅力，又有哪些是員工感受不到的，戰略非常明確，針對加強共鳴這一點投資效率非常高。

另外，這些企業的共鳴戰略之所以精采，是因為連我們這些不是員工的人都能感受到麥肯錫的活動成長、瑞可利的人才風氣、迪士尼的理念方針魅力。凝聚共鳴的主軸是4P中的哪一項非常明確，所以不只公司內部，就連公司以外的人都能感受到魅力。不只能讓企業避免應徵到不合適的員工，同時又具有產生共鳴的效果。

當然，無論哪一項都必須具備一定程度的魅力，如果其他項目的魅力只有二十或三十分，那麼就算自己最重視的那一項分數再高都無法引起共鳴。只要策略性選擇其中一項來增強成員的共鳴，對打造團隊來說是非常有效的方法。如果你的團隊還不知道成員們對什麼有共鳴，請選出能增強共鳴的主軸。只要能清楚對接下來新加入的成員說出團隊擁有和沒有的魅力就算合格了。

※對學術背景有興趣的讀者請參照Theory：利昂·費斯汀格「團體凝聚力」。

催生成員產生共鳴的方程式

共鳴是肉眼看不見的，所以往往被當成一種感受，不過共鳴其實是有方程式的。

共鳴＝報酬、目標的魅力（想做）× 達成的可能性（能做）× 危機感（必

須做）

我們以接力賽選手的共鳴為例思考看看吧。即便在比賽途中覺得辛苦，仍然能抱持著想為團隊勝利有所貢獻的心情克服困難，是因為想到接力賽獲得優勝後的榮耀（報酬、目標的魅力），然後思考用每公里三分鐘的速度跑（達成可能性），怕自己落後會對其他選手感到抱歉（危機感）。報酬、目標的魅力（想做）×達成的可能性（能做）×危機感（必須做）分別可以換成WILL、CAN、MUST這幾個單字。

接下來我想用剛才介紹的4P，思考看看如何分別套入這個方程式。

像迪士尼這種理念方針的共鳴類型，如果將最終目標設定為「提供快樂給全日本的人」（報酬、目標的魅力），那麼中途的目標就可以分成「吸引一千萬、二千萬、三千萬人次入場」等階段（達成可能性）。如果對最終的貢獻少，就施以處罰，讓成員無法繼續待在組織中（危機感）。

像麥肯錫這種活動成長的共鳴類型，如果將最終目標設定為「實現企業改革的專案」（報酬、目標的魅力），那麼中途的目標就可以分成夥伴、顧問、專案經理等階段（達成可能性）。如果沒辦法對自己分配到的角色有所貢獻，就讓成員的角色功能有所限制。

像瑞可利這種人才風氣的共鳴類型，如果將最終目標設定為「打造團結的組織」（報酬、目標的魅力），那麼中途的目標就可以分成組長、經理、總經理等階段（達成可能性）。如果對組織沒有貢獻，就不再稱讚員工（危機感）。

若是待遇特權的共鳴類型，將最終目標設定為「年收達一千五百萬日圓」（報酬、目標的魅力），那麼中途的薪水目標就可以分成八百萬、一千萬、一千二百萬等階段（達成可能性）。如果貢獻少的話，就縮小加薪和獎金的幅度（危機感）。

「為了提高成員的工作動力，領導者熱情的激勵非常重要」這句話並不完全錯，但更重要的是，**「在團隊中加入增強成員共鳴的方程式」的思考方式。**

如果你的團隊認為成員共鳴感不高，原因可能是領導者的角色或溝通方式有問題，請立刻重新思考。

〈共鳴的公式〉

共鳴

＝ 報酬、目標的魅力（WILL 想做）× 達成的可能性（CAN 能做）× 危機感（MUST 必須做）

	報酬、目標的魅力（WILL 想做）	達成的可能性（CAN 能做）	危機感（MUST 必須做）
理念方針型	迪士尼 提供快樂給 全日本的人	入場人次一千萬 → 二千萬 → 三千萬	如果貢獻少， 就無法繼續 待在組織中
活動成長型	麥肯錫 實現企業 改革的專案	夥伴 → 顧問 → 專案經理	若沒有貢獻， 角色功能就會 有所限制
人才風氣型	瑞可利 打造團結 的組織	組長 → 經理 → 總經理	若貢獻值低， 就失去被稱讚 的機會

接著，請在團隊中加入增強成員共鳴的目標、過程以及處罰的架構。

※對學術背景有興趣的讀者請參照「Theory：維克托・弗魯姆（Victor H・Vroom）「期望理論」。

現代人會為「情感報酬」而付出

企業經營時，員工的共鳴感越來越重要。參加美國的人事研討會等活動時，會發現每個有志之士的演講和企業展示都會提到加強共鳴的重要性和方法論，儼然是非常熱門的話題。

為了企業的存續和發展，必須被商品市場、資本市場和勞動市場選中。所謂的市場，指的是和他者交換價值的地方。在商品市場上，必須被顧客選中；在資本市場上，必須被投資家選中；在勞動市場上，必須被人才選中。

商品市場由企業提供顧客商品，顧客支付企業等值報酬。同理，勞動市場由企業提供人才報酬，人才則提供時間、行動與成果。市場上可以互相選擇，所以人才如果無法對報酬感到滿意、滿足，便無法提升貢獻欲＝共鳴，可能會選擇到其他企業工作或者減少令企業有成果的行動。

三個市場中，順應勞動市場的重要度越來越高。整體社會的產業，原本是第二級產業（製造業）較多，後來變成第三級產業（服務業）比例越來越高。製造業為了製造商品，需要工廠、設備以及取得這些條件的資金。過去在那樣的時代下，為了在商品市場中生存，適應資本市場非常重要。

然而，服務業製造、送達商品時，最重要的則是人才。為了在商品市場中生存，順應勞動市場很重要。另外，現在有很多製造業也在追求服務。而且，勞動市場的流動性（＝轉職率）比過去大很多。對企業的共感度、共鳴度低，員工很快就會離開。從這一點來看，就知道加強人才共鳴越來越重要。

以前的電視劇經常出現企業陷入絕境，主角為了周轉資金向銀行低頭的場景。然而，現在反而很少資金不足的問題，卻是因為人手不足而停業。就像SUKIYA無法順應勞動市場的轉變，已經收掉多個分店；大和運輸也開始限制配送時間。

當然，對企業來說，順應商品市場依然重要，沒有努力被顧客選中的話，企業只會走向滅亡。另一方面，順應勞動市場，打造出會被人才選擇的公司，必須比以前更重視共鳴。如果把順應勞動市場的資源全部投入商品市場，業績或許會暫時提升，但組織會失去活性。結果將會導致人才離去，業績也會漸漸下滑。以中長期的觀點來看，所有的企業組織以及團隊都需要增強共鳴。

另外，前面介紹的共鳴4P，其實可以分成兩大類。

待遇特權屬於金錢報酬和地位報酬，而情感報酬則有理念方針、活動成長和人才風氣。金錢報酬和地位報酬顯而易見，但情感報酬（對理念的共鳴、工作的價值、夥伴之間的關係等）很難被看見。

在時代的潮流下，肉眼看不見的情感報酬影響力越來越大。社會整體的物質生活變得豐富，恩格爾係數（支出中餐飲費用的比例）下降，很多人對工作不只追求物質上的豐饒，也追求精神層面的富有。

「你可是拿薪水的，少在那裡囉嗦，做就對了」這種團隊早就落伍了。因為有很多人認為「我工作不單是為了薪水」。接下來的時代，團隊必須更重視情感報酬，而非金錢報酬或地位報酬。

具體案例

AKB48 的狂熱共鳴

接下來要說明共鳴法則的具體案例。之前已經在其他章節提到，AKB48在女歌手圈中一枝獨秀，創下 CD 銷售突破五千萬張、歷代第一名的紀錄。AKB48 以超過數百人的團隊規模，回應粉絲多樣化的需求。照理說這麼多人，會讓每位成員的團隊熱度下降。

然而，AKB48 在人數變多的狀況下，成員的熱度仍然不減。成員都非常認真對待演藝工作，甚至會為演唱會上的表演、自己的表現，流下開心或懊悔的眼淚。我認為 AKB48 之所以能夠做到這個程度，是因為團隊中蘊含著加強共鳴的架構。

首先是理念方針的魅力，AKB48 初期有一個「到東京巨蛋表演」的明確目標，「從秋葉原小劇場起家的偶像團體，完成到東京巨蛋公演的奇蹟」這個願景就是報酬目標的魅力。而且團隊明確標記路程「從秋葉原到東京巨蛋的距離是一千八百三十公尺」，讓大家一步一步向前進，擁有可能達成目標的感覺。另外，AKB48 有個不成文的規定，就是禁止戀愛，如果有成員談戀愛被發現，就必須離開 AKB48，非常嚴格。製作人秋元康說：「很難邊談戀愛邊打進甲子園啊」，這就是當團員採取違反願景的行動時做出的處罰，有提升團員危機感的效果。

接著是活動成長的魅力，除了日常的偶像活動之外，還有每年一次的選拔總選舉。選拔總選舉是由粉絲投票決定成員的名次，獲得前幾名的成員可以獲得演唱單曲的機會，這就是報酬目標的魅力。

另外，選出演唱單曲成員的過程也設定 Future Girls → Next Girls → Under Girls 幾個選拔成員的階段，讓成員感受到達成的可能性。反之，如果沒有確實執行日常的偶像活動，拿到低名次的話，就會失去參與活動的機會，透過這樣的處罰讓成員有危機感。

最後是人才風氣的魅力，AKB48 不只有由粉絲人氣決定階級的總選舉，還有為了團結成員的角色階級。最具代表性的就是總監督，只要能獲得其他成員的信賴，就能扮演團結大家的總監督，這就是報酬目標的魅力。

在總監督之前，也有A隊伍、K隊伍、B隊伍等各種隊伍的隊長等階段性的設定，能讓成員感受到達成的可能性。反之，如果不被團員們信任，就無法擔任這些職務，透過這樣的方式讓成員有危機感。

當然，AKB48 也和其他偶像一樣，只要成功就能獲得名聲和薪資等待遇特權。雖然能夠獲得金錢報酬和地位報酬，但除此以外還加入理念方針、活動成長和人才風氣等情感報酬，才是讓 AKB48 陷入狂熱的原因。

共鳴法則總整理

無論最終目標多精采，規則訂定得多完美，執行時終究要靠團隊成員和動機，過去很多團隊都把金錢當成動機的泉源，所以沒有深入思考動機本身的必要性。因為以前的架構很簡單，只要表現好就有收入。

然而，社會整體變得富裕，光靠錢已經無法打動人。儘管如此，仍然有很多團隊沒有確實管理成員的動機和共鳴，還是有很多團隊中會出現錯誤的應對方式，譬如「既然都領了薪水，就給我閉嘴工作！」這種落伍的發言，或者以為只要說「拿出幹勁來！」就能提升成員的動力。

首先，請務必讓成員自我確認對什麼有共鳴、什麼能成為動機，然後再把持續創造共鳴的架構放進團隊中。將肉眼看不見的動機和共鳴科學化、理論化，就能打造一個熱情的團隊。

核對清單

□團隊中除了金錢報酬和地位報酬以外，有沒有提供情感報酬？

□團隊是否了解成員對什麼事情有共鳴？

□團隊是否有令成員覺得充滿魅力的架構？

□你是否清楚了解自己加入團隊是想追求什麼？

□你是否對成員產生共鳴這件事有貢獻？

〔特別收錄〕

團隊的陷阱

你的團隊
屬於加法、
乘法還是除法？

團隊會遇到陷阱，
會掉入陷阱還是避開陷阱，
取決於你們這些團隊成員。

團隊崩壞的四大陷阱

團隊是為了實現多人的共同目的而集結。當然，一個人無法實現這個共通的目的，如果和某個人一起行動會比較容易實現，那麼人就會選擇組織團隊。當一個人的表現是一百分時，兩個人就有二百分，三個人就有三百分，這種團隊的效果屬於「加法表現」。

另一方面，團隊效果也可以升級為「乘法表現」。根據打造團隊的方式不同，一個人的表現可以從一百分增加至一百二十分、一百四十分。譬如，A先生和B先生各自單獨作業可以有一百分的表現，當兩個人組隊，適當的角色分配讓彼此能夠專注在自己擅長的部分，各自的表現就會比一百分更高，這就是所謂的「乘法表現」。

為了創造乘法表現，適才適所很重要。掌握每個成員的動機類型和可攜式技能，分析團隊中各項活動需要的志向與能力，再把兩者媒合，這樣一來團隊的表現才能最大化。（動機類型和可攜式技能類型，請參照第三章。）

除此之外，活用前面提到的關鍵五法則，就能讓團隊擁有乘法表現。然而，有時反而會因為組隊，讓一個原本可以有一百分表現的人，降到八十分或六十分，這就是團隊的「除法表現」。

為什會發生這種情形呢？這是因為團隊已經掉入陷阱，本章會介紹幾個團隊的陷阱，並說明應對方法。配合關鍵五法則一起實踐，能讓團隊表現更好。

社會惰化：「才一個人沒關係」的陷阱

社會惰化（Social loafing）是心理學的用語，因為是二十世紀初葉法國的農業學者馬克斯．瑞格曼提出的理論，所以又稱為瑞格曼效應。瑞格曼證明，集團規模越大，每個人的表現就會越差。

我以組隊到庭院除草為例，如果三個人一組需要花十小時的話，十個人一起做應該三個小時就能完成。然而，實際由十個人來除草，卻會花超過三個小時，這代表團隊已經掉入「才一個人偷懶沒關係的陷阱」。

以除草的例子來說，在三人團隊時覺得「自己不做不行」的成員，在十人團隊裡反而會覺得「才一個人沒做事，應該沒關係」。為了不要掉入這種陷阱，提升成員的當事人意識很重要。直接說「要把工作當成自己的事來做！」對提升成員當事人意識最沒有幫助。

要讓成員擁有當事人意識，有三個重點。第一個重點是人數，團隊人數越少，每個成員的當事人意識就越高。團隊人數達到一定程度以上後，最好分解成多個小團隊。

第二個重點是責任，如果每個成員的責任定義曖昧不明，當然就會導致當事人意識減弱。必須使用在溝通法則中介紹到的訂定規則思考方式，明確劃分責任範圍和評價對象。

第三個重點是參與感，如果在各種決策都和自己沒關係的狀態下進行，團隊整體的事情就會漸漸覺得自己是局外人。這時候可以適當選用決策法則中介紹的多數決或協商等決策方式，讓成員有參與感。

經營 Rikunabi、Zexy、SUUMO 等媒體的瑞可利，以員工的超高動機著稱，那是因為創辦人江副浩正使用各種方法，成功提升成員的當事人意識。

譬如ＰＣ（Profit center）制度就是把內部的每個部門當成一間公司，製作損益表（P/L）。即便是管理工作人員的人事部門，也會訂定會計管理規則，只要聘用的人數增加，就算是人事部門的業績提升。反之，人事部門人手增加時，人事費用和房租也會增加，每期決算時都會按照部門計算損益表。

另外，NewRing 這個政策則是讓全體員工有機會向公司提出新的事業計畫。接著，由公司一起來推動 NewRing。藉由這個政策，讓員工感覺到公司的未來不是只有經營階層能夠規劃，自己也可以參與。

瑞可利是一個很成功的案例，不僅明確劃分責任，還藉由提高參與感來提升當事人意識。為了不讓團隊陷入社會惰化的陷阱，必須持續提升成員的當事人意識。

社會性權威：「因為那個人這樣說」的陷阱

社會心理學家羅伯特．席爾迪尼在國際暢銷書《影響力：說服的六大武器，讓人在不知不覺中受擺佈》（久石文化）中提到，權威是影響人做出錯誤決策的原因之一。因為大眾會相信擁有頭銜或經驗等「權威」之人，也就是說，人往往會聽從該領域中知名度高的組織或發言有力的專家。

在團隊中，這種權威有時會帶來壞影響，這就是「因為那個人這樣說」的陷阱。其他成員如果胡亂追隨擁有頭銜或經驗的人，就容易做出自己一個人的時候絕對不可能下的錯誤決策。因為這個陷阱，會讓個人的表現下降。

在決策法則中，已經提過獨裁這個決策方式的效果就是快速，但如果遭到誤用或濫用，就容易掉入社會性權威的陷阱。太過習慣依賴特定決策者，會讓成員在沒有充分共享資訊的狀況下做決策。另外，沒有人對決策者提出意見的狀況如果持續下去，就會演變成沒有深思熟慮就做出膚淺的決策。

另外，若沒有徹底醞釀在溝通法則介紹過的心理安全，成員心中「反正說了也沒用」、「說了也會被否定」等忽視主體性的情緒會越來越強。結果，只會助長做了也沒用的被動態度。

為了不掉入這個陷阱，要在團隊內設定討論機制。透過一個不論頭銜和經驗都可以參與討論的平台，或者讓成員有機會能向決策者提案，都可以減輕掉入陷阱的風險。獨裁這個決策方法也是最後階段才由一個人做決策，中途並非沒有經過討論。決策前的議論只要不花太多時間，其實有助於正確的獨裁。

在短時間內急速成長的IT企業CyberAgent，也在經營團隊裡設有討論的流程。在「明日會議」這個幹部集訓活動中，每個幹部需要和員工組隊，像社長提出新提案。雖然決定是否執行提案的人是藤田社長，但實際上有很多提案會在這個集訓活動中決議。CyberAgent 公司由藤田社長直接做決策的方式和幹部積極參與，就是兩者並立的好例子。

為了不讓團隊陷入社會性權威的陷阱，必須在團隊中加入適當的討論。

同儕壓力：「因為大家都這樣說」的陷阱

行為經濟學是在經濟學中加入心理學要素的學問，過去的經濟學認為人會在合理性與功利性判斷下行動。所謂的功利性，指的是選擇利益最大的選項，這種以自己的經濟利益最大化為唯一行動基準的人，稱為理性經濟人。

然而，現實世界中並不存在這種理性經濟人。因為人類是會被情感影響的生物，所以有時會選擇不合理的行動。因此，針對傳統經濟學無法說明的不合理行動，試圖以心理學的觀點用理論說明。這就是行為經濟學。

行為經濟學家丹尼爾．康納曼和理察．塞勒分別在二〇〇二年、二〇一七年獲得諾貝爾經濟學獎，廣受全球矚目，行為經濟學中提出「從眾效應」（又稱為羊群效應 Herding Effect）。這指的不是從選擇中獲得經濟合理性，而是獲得和周遭人做相同選擇的安心感，這種從眾效應會影響人類的判斷。

看到餐飲店前面大排長龍，就算沒有特別想吃也會想去看看，這就是從眾效應。在某個實驗中，被騙的人到醫院的診間發現大家都裸體，結果很有趣，最後被騙的人也會配合周遭的人一起裸體。

在團隊當中，如果從眾效應往壞的方向發展，原本一個人的時候有一百分的表現，看到其他成員只有五十或六十分，就會以「大家都沒在做事」為理由降低自己的表現。如果到自習室讀書，發現大家都在聊天，自己也會加入，結果最後根本沒辦法讀書，這種情形很常見。

為了不掉入這種陷阱，管理團隊的氛圍很重要。因為有從眾效應，所以人會被團隊整體的氛圍影響並決定自己的態度，人的內心有部分持投機主義，對事情的態度並非自己決定，而是視周遭的態度決定

假設對團隊的方針積極以對的人有兩成，持平的人有六成，消極的人則有兩成。當消極的人從兩成增加到三成時，通常不會只是變成積極的人維持兩

成，持平的人剩五成，消極的人占三成而已。

因為原本持平的人看到消極的人比積極的人多，態度就會轉為消極，一直放著不管，消極的人就會一直增加。只要態度消極的人成為多數，大家就會發揮從眾效應，追隨消極的態度，此時要改變團隊的氣氛就非常困難了。

另一方面，團隊裡都是態度積極的人，也會讓團隊朝不好的方向前進。懂得察言觀色，上頭的人說什麼都贊成的團隊，有時會做出錯誤的判斷和決策。針對團隊方針，態度消極的成員要占一定比例才不會讓整體停止思考。

團隊的氛圍不能太過積極，也不能太過消極。管理氛圍時，聚光燈和影響者的觀點很重要。聚光燈是藉由將光線聚集在團隊內抱持某種態度的成員身上，讓全體成員以為積極的人多或消極的人多，用這樣的手法控制團隊的氛圍；影響者則是針對團隊內對其他成員特別有影響力的人，進行個別指示或使之轉換態度，藉此控制團隊的氛圍。

瑞可利的創辦人江副浩正先生和第二把交椅大澤武志先生都畢業於東京大學教育學院的教育心理學系，所以在打造組織時大量應用了心理學的知識。他們尤其重視公司內部的溝通，透過頒獎典禮、社內報紙將聚光燈打在積極工作的人身上。另外，創辦人江副先生對於員工太積極干預經營方針這一點，為了削弱每個成員的獨立心，要求負責社內溝通的團隊要做到「社內真實報導」。社內溝通團隊對經營政策毫不諂媚，有時宛如批判政權的記者般，提出對菁英政策的批判性言論，打造出每個人能夠獨立思考，不被經營政策或周圍的人影響的氛圍。

為了不讓團隊掉入同儕壓力的陷阱，必須管理氛圍。

參考點偏差：「我比那個人做了更多」的陷阱

行為經濟學中提出「參考點偏差」（又稱為錨定效應 Anchoring Effect），這種效應指的是人會把一開始看到的數字和印象當成參考點並留下強烈的感受，之後的印象和行動也會受到影響。

假設有間公司開發了新商品A，售價是一萬元。一年後其他公司以五千元販售類似的商品B，大多數的人都會覺得便宜對吧。然而，這只是因為大家以商品A為參考點判斷才會如此，不見得是對商品本身的客觀評價。

這種心理作用在團隊中會有負面影響，本來表現一百分的人，但看到旁邊的人表現只有六十分，有意無意之間都會覺得自己也只要做到六十分就行了。

尤其是領導者很容易成為成員的參考點，成員經常會拿像是「領導者遲到的話，我自己遲到也沒關係」、「領導者從不好好聽別人說話，那我自己也可以不用好好聽別人說話」等對自己有利的參考點來用。為了不要掉入這種陷阱，在團隊中明確訂立基準很重要。

針對在設定目標法則中提到的意義目標、成果目標和行動目標，以及在溝通法則中提到的責任範圍和評價對象，都明確規範了每個成員要達到的基準。不僅如此，透過共享團隊中有誰達到、誰沒達到基準，讓成員無法以對自己有利的成果和行動為參考點，而是必須按照團隊的基準當作參考點。

職棒球隊阪神虎自一九八五年獲得日本第一之後，度過從一九八七到二〇〇一共計十五年間十場大賽都墊底的黑暗時代。然而，二〇〇三年在星野仙一教練的帶領下，阪神虎暌違十八年獲得聯盟冠軍，之後成為每年都會角逐冠軍的強隊，二〇〇五年也在岡田彰布教練的帶領下獲得聯盟優勝。

據說阪神虎的復活，就是受到選手之間的基準影響。阪神虎雖弱，在關西地區仍是非常受歡迎的球團，選手被支持者的應援寵壞了，在這樣的狀況下，選手的態度也變得驕縱，經常因為一點小事情就會說洩氣話不去練習。

這樣的狀況，因為某個選手加入而為之一變，他就是金本知憲選手。金本知憲選手是連續出賽全場的世界紀錄保持人（一千四百九十二場比賽），也是被稱為「鐵人」的選手。

他擁有打擊率達三成、轟出全壘打三十次、跑盜壘三十次等棒球術語中稱為三三三的成績，是個能打、能跑、能防守的全能選手。他的能力當然完美，但對其他阪神虎的選手有莫大影響的是他無論在什麼樣的狀況下都堅持練習和比賽，對棒球訓練嚴以律己的精神。

因為金本選手加入，團隊整體的基準開始改變，選手對棒球的態度不一樣，球隊整體成績也產生轉變。這可以說是因為基準改變，而讓團隊改變的好例子。

為了不讓團隊掉入參考點偏差的陷阱，必須明確規範基準。

最終章

關鍵 ABCDE 五法則改變我們的命運

這一章將會分享我如何應用關鍵五法則改革自己的團隊。二〇一〇年時，我離開管理部門，轉調到因為雷曼危機業績大幅下滑的人事組織顧問部門。在那之後，為了重振業績，花了兩年半的時間努力，但業績仍然毫無起色。

二〇一二年夏天，我對眼前的狀況束手無策，不只業績一蹶不振，組織開始崩壞，同事一一離職。當時，團隊的氣氛很差，每天到公司和團隊成員見面對我來說已經感到有點痛苦。

我至今仍難以忘記那個畫面，月底最後一天我還在想辦法讓部門的業績達到目標，但沒完成業績的同事們卻早早就放棄跑去喝酒。無論是業績還是公司組織，都沒有任何改善，我對自己的無能為力感到抱歉。我開始想，是不是在這間公司、這個團隊繼續工作也沒什麼意義了？

當時，某位比我資淺的晚輩對我說：「要不要在我們的團隊內，實踐對客戶傳授的組織改革知識？」那一瞬間，我恍然大悟。說來很可恥，我一副高高在上的樣子對企業經營者建議該如何改革組織，卻沒有徹底實踐在自己的團隊上。我把專為企業設計的組織改革知識，代換成適合我們這種人數少的團隊，徹底實踐五法則。

結果，我們的團隊發生什麼改變了呢？團隊營收增加了十倍，不只業績，就連組織狀態也大幅改善，離職率從原本的百分之二十到三十降至百分之二到三。不僅既有的人事組織顧問事業大幅回春，我們團隊推出的新事業——國內第一個改善組織的雲端服務「MOTIVATION CLOUD」也廣受矚目，公司的市值成長了十倍。我們的團隊出現這樣超乎想像的變化。

希望透過我的例子幫助讀者更具體了解關鍵五法則的應用。

設定目標的法則改變了商業模式

我們最一開始實踐的就是設定目標的法則，用三大目標回顧當時的團隊，發現我們的成果目標是營收、行動目標是提供經營者綜合性的組織改革顧問服務，但是意義目標卻並不明確。

每一季都有勇無謀地在追趕成果目標，結果我們的營收沒有提升反而下降，在這樣的循環之下，我們已經搞不清楚到底是為了什麼而追求營收。因此，我們為團隊訂定了一個意義目標，明確定義公司的任務就是「提供以動機工程學為基礎，為組織帶來變革機會的服務」。

動機工程學是公司的知識、技術總稱，這也有回歸原點的意義，所以我們把這個任務設定為團隊的意義目標。接著，對照意義目標和我們的現狀後，發現有很大的落差。

公司創業時就設定變革這個任務，之後也一直朝這個方向走。不只辦員工研習、建立人事制度，還要和客戶一起追求組織變化，變革就是我們的態度。然而，實際上我們一味地追求眼前營收這個成果目標，使得這個態度變得很薄弱。營收這個成果目標變成目的，為組織帶來變革的意義目標反而被忽視。

因此，顧客敏感地發現我們團隊的態度轉變，也就紛紛離開了，所以我們以變革這個意義目標為基礎，在原本的成果目標營收再加上回購率。所謂的回購率，指的是我們曾經提供過顧問服務的企業客戶，在專案結束後又訂購新專案的比率。

組織的課題並不會從企業中完全消失，所以只要我們的專案能夠對顧客的變革有所貢獻，就必定能接到下一筆訂單。回購率這個成果目標比營收更能和意義目標變革一致，回購率這個成果目標改變了團隊成員的行動。

雖然很可恥，但之前只要某客戶的專案結束後，成員馬上就把重心轉移到其他客戶的專案上，這種情形不勝枚舉。然而，在我們設定回購率這個成果目標之後，每位顧問在專案結束後也會投入心力做後續服務。

結果，讓原本只有百分之四十左右的回購率，在三年後提升到百分之八十，營收也因此隨之提升，我們團隊原本營收只有三億日圓，五年後增加到十倍的三十億日圓。極端地說，過去我們的團隊只是一心遵照公司指示的成果目標——營收的奴隸。然而，在訂定團隊的意義目標並改變成果目標之後，反而獲得飛躍性的成長。

另外，設定目標的法則帶來的團隊變革並未停留在重振既有事業，為了達到比百分之八十更高的回購率，我們需要改革商業模式。顧問服務會針對每次企業的課題提案，所以必須視顧客的狀況才能獲得訂單。為了讓回購率超過百分之八十以上而誕生的新事業，就是日本第一個改善組織的雲端服務 MOTIVATION CLOUD 也廣受矚目。

MOTIVATION CLOUD 是透過系統調查員工，讓組織狀態量化、可視化的服務。以日本最大的企業組織資料庫為基礎，透過 Engagement Score（ES）

的型態將組織狀態數值化。

大多數企業針對事業活動內容至少會每半年或每季統計一次營收、利潤，透過數值化做 PDCA 循環式品質管理。然而，關於組織活動卻往往依賴直覺或經驗。相對而言，MOTIVATION CLOUD 每半年或每季會依據 ES 這個數值化呈現組織狀態，讓企業可以藉此做好 PDCA 循環式品質管理。

以每月收費的模式，提供企業新的經營指標，這項服務不需要依賴客戶狀況也能持續下去，所以我們預想回購率應該會大幅上升。以組織的尺標（定量指標）為概念的 MOTIVATION CLOUD，上市後獲得許多企業的迴響，非常暢銷。

我們精準擊中目標，MOTIVATION CLOUD 的回購率一年超過百分之九十五。每個月的解約率只有百分之零點五。因此，我們團隊變成顧客企業走向組織變革時的夥伴，能夠攜手並進。這是因為我們徹底面對變革這個意義目標以及回購率這個成果目標，才能催生新事業。而且，成果還不僅如此。

我們團隊開發的新事業獲得外部投資家的高評價，認為服務具有革命性、成長性、穩定性，使得 Link and Motivation Inc. 公司的股價一度漲了十倍。意義目標改變了團隊的成果目標，成果目標改變了我們的商業模式，而且最後甚至讓我們的團隊改變了整個公司。

這個瞬間讓我真實感受到設定目標的法則改變了團隊，雖然是老王賣瓜，但這少少十幾名成員的團隊，在超過千名員工的企業裡擁有改變的力量，這個經驗讓我了解團隊的力量。

擇才的法則帶來最棒的成員

我們的團隊原本專注在組織人事顧問事業，後來成立了新事業 MOTIVATION CLOUD。過去的組織人事顧問工作，在團隊四大類型中屬於接力賽型。

組織人事顧問事業由各成員負責自己的專案，這對團隊成功來說非常重要，成員都是溝通能力和邏輯思考能力兼具的顧問，也能各自完成自己的專案到某種程度。另外，組織人事的領域也有所謂的潮流，但確實了解普遍性的原理原則再做應對很重要。

因此，我們過去是透過聘用應屆畢業生，招募同質且固定的成員，也獲得相應的成果。這種選擇成員的方式在組織人事顧問的事業上沒有問題，但新事業 MOTIVATION CLOUD 則需要不同的成員。

MOTIVATION CLOUD 的活動類型屬於足球型，產品經理、設計師、工程師、行銷、內勤業務、外勤業務、顧問、客服等人員都必須團結製作 MOTIVATION CLOUD 這個產品並交到客戶手上，需要多樣化的成員緊密合作。另外，IT商務的變化和競爭非常激烈，我們需要盡快組成團隊，還要隨時因應環境的變化。

然而，公司過去一直都在經營組織人事顧問的服務，我們沒有工程師、設計師、行銷人員。因此，我請外部夥伴或自由工作者來公司常駐，用這樣的形式招募團隊成員，一一邀請優秀的工程師、設計師、行銷人員。

越是優秀的專家，和其他公司的合作案就越多，對方並不會輕易地接受邀請，但我會告訴對方 MOTIVATION CLOUD 的願景是，提供以動機工程學為基礎，為組織帶來變革機會的服務，說服對方以常駐或半常駐的形式陸續加入團隊。

為了促進彼此緊密合作，我也請外部夥伴和自由工作者參加公司的經營會議。在我們公司這算是特例，但因為這個決策，我們才能成功打造出由多樣化成員組成且能夠迅速因應狀況的足球型團隊。

結果，MOTIVATION CLOUD 不到半年的時間就從構想走到成品上市。和外部夥伴一起製作的產品，還入選 Good Design Award & Best 100，獲得極高評價。對我們這間稍早之前還沒有工程師、設計師的公司來說，這個結果真的很出乎意料。這個經驗讓我了解，以擇才的法則為基礎尋找、選擇成員，會讓團隊力量大幅提升。

溝通的法則讓成員心連心

我們團隊成立的新事業 MOTIVATION CLOUD 內，不只有 Link and Motivation Inc. 的員工，還有公司外部的夥伴以及自由工作者。託這項服務的福，我們才能召集過去公司內部沒有的工程師、設計師、行銷人員、創作者等擁有多樣化才能的成員。

不過，這些成員和長年在同一間公司工作的 Link and Motivation Inc. 員工不同，都是各自擁有不同背景的人。因為工作的進行方式和打造職場的方式不同，所以在細節上會產生齟齬。因為這些誤會導致彼此不信任或者產生不安，甚至還阻礙了溝通。

結果，團隊內部因為合作程度不足，導致開發計畫大幅延遲。針對行銷的部分，社內成員和外部成員之間的溝通失誤頻傳，導致經常在做不必要的修正工作。

為了讓過去各自在不同環境中工作的成員順利合作，設定規則並讓規則深入團隊非常重要。然而，狀況每分每秒都在改變，為恰當地應對新事業，除了規則之外，圓滑且活潑的溝通也是關鍵。

因此，我們採用了使用說明書和動機曲線圖。以最棒的產品來自最棒的團隊為基礎思想，來打造自己的團隊。為了讓消費者學會如何使用產品，一般每個產品都會有淺顯易懂的使用說明書。既然如此，為了讓團隊成員能夠盡量活用彼此的能力，有一份能讓人輕鬆了解成員的使用說明書豈不是很好？在這個發想下，團隊成員都製作了一份自己的使用說明書。

使用說明書上記載了顯示自己人生經驗與感受的動機曲線圖；顯示自己能力和志向的可攜式技能、動機類型。除此之外，還有自己什麼時候會感到高興、悲傷，希望其他成員如何對待自己等內容。

因為這份說明書，讓初次共事的成員在溝通時也能理解對方的背景，這麼做排除了成員彼此間的負面情緒，溝通變得有效果也有效率。我自己和夥伴企業或自由工作者的成員溝通時，也變得會去理解對方的背景，還會傳達這項業務對對方的經歷具有什麼意義，希望對方能應用什麼樣的強項來做這件事。

另外，團隊每個月會共享一次動機曲線圖，透過這個做法，讓成員彼此發現在同一個職場也不會注意到的情緒。自己完全不在意，卻會讓對方失去動力的事情出乎意料地多。這不只促進成員彼此理解，還能讓成員坦承自己失去動力或專案不順利等情況，創造出團隊內的心理安全。

負責 MOTIVATION CLOUD 設計的設計公司成員，有次告訴我：「我這輩子還沒有遇到過可以稱為『心靈導師』的人，不過我現在第一次由衷希望您能成為我的心靈導師。當然，我們依然是工作夥伴、朋友，不過接下來希望您能成為我的心靈導師，讓我和您商量大小事，這樣我會很開心。我會努力在

MOTIVATION CLOUD 改變自己的未來，也改變周遭所有人的未來。」

在這樣相互理解與心理安全之下，由開發公司、技術顧問、設計公司、廣告代理商、數位行銷支援公司等多樣化成員組成的 MOTIVATION CLOUD 團隊，漸漸變成一個跨越企業藩籬，能夠順利溝通的團隊。這個瞬間讓我學習到溝通的法則會讓團隊大幅進化。

決策的法則明示前進的道路

我們的團隊在重振既有的組織人事顧問事業之後，成立了新事業 MOTIVATION CLOUD，重心也轉向新事業。在這樣的狀況下，我們按狀況分別使用不同的決策方法。重振既有的組織人事顧問事業時，主要使用獨裁決策。重振既有事業，必須做出廢除不適合市場的服務、放棄不划算的專案等伴隨著痛楚的各種決策。

在行為經濟學中，人類擁有現狀偏差（status quo bias）這種渴望維持現狀而非改變的心理作用。變化能夠帶來利益，但很多時候人會因為害怕變化而無法行動。這種時候如果採取協商決策，就會因為好不容易才學會這項服務、過去對這個專案投入的時間都會白費等想法，使得決策利害關係人的反彈聲浪變大，導致團隊無法做出最適當的決策。

透過獨裁手法，我們迅速退出在雷曼危機時為了擠出營收而承接的賠本專案。因此，才得以消除過度回應顧客需求導致的利益損失及成員的疲勞。

另外，因為團隊一心追求營收而增加太多服務，導致我們在市場上失去定位。除了真正的顧客需求、能夠和競爭對手做出區隔並應用公司知識技術的服務之外，都在我的判斷之下廢止了。從超過二十個以上的研習服務中，挑出兩個真的具有優勢的選項，徹底推動這兩種研習，結果讓我們的服務在市場中找回優勢。

成功重振既有事業不只是因為採用獨裁決策，也是因為團隊成員了解決策的優點占百分之五十一、缺點占百分之四十九，而且率直地執行，讓我的決策變成正確答案。

另外，獨裁決策手段的缺點，就是導致成員認同感和主體性下降。反正都是麻野先生做決定的氛圍在團隊中擴散，使得成員的當事者意識降低。為了防止這一點，我在關鍵時刻採用多數決的方法。譬如，每個月會由成員投票選出MVP。製作 MOTIVATION CLOUD 標誌和尋找廣告創意時，都準備兩個方案讓成員投票表決。因為我認為比起選擇什麼選項，透過決策過程提高成員當事人意識的好處更多。

雖然基本上採用獨裁決策，但偶爾使用多數決的方法，讓我成功營造大家一起打造團隊、一起讓團隊的活動成功這種文化。另外，自我們成立新事業MOTIVATION CLOUD 之後，協商決策的比例就越來越高。

IT商務對我來說是未知的領域，所以不只需要顧問出身的我，還需要工程師、設計師的意見才能做決策。要按照什麼順序開發功能，是決定MOTIVATION CLOUD 命運的重要決策。

在討論要按什麼順序開發功能之前，主要開發成員就提升持續利用率、開拓新客戶的商業觀點；系統擴張性、系統穩定性的技術觀點；提升使用者易用性、專案整體依據顧客體驗改善的設計觀點等三大視角，篩選出選擇基準。接著，訂好選擇基準的優先順序之後，大家才一起做決策。結果，讓決策沒有太過偏向我的商業觀點，而是大家一起累積出最適當的選擇，決策的法則讓我們的團隊有明確的方向。

共鳴的法則讓我們擁有全力奔跑的力量

其實，儘管我在以動機為主題的 Link and Motivation Inc. 上班，但我在打造團隊時曾在動機和共鳴上大失敗。重振組織人事事業時，我把經營團隊最重要的動機放在最後，結果使得成員動力下滑，很多人離職。

進入 Link and Motivation Inc. 的成員，很多都是被理念方針吸引。因為對提供以動機工程學為基礎，為組織帶來變革機會的服務這個任務有共鳴，才抱著想為在組織中工作卻感到痛苦的人盡一分力、讓更多人感受到組織帶來的喜悅等想法進入公司。

然而，我在團隊討論的都是「該怎麼樣才能提升這一季的業績？」「該怎麼做專案才能按交期結束？」等短視近利的內容。胸懷大志進入公司的成員，只被眼前的業績追著跑，我們成為一個只會做專案的團隊，導致很多成員失望並離職。當然，如何讓眼前的工作成功非常重要，但打造團隊應該也要談論在專案之後會出現什麼樣的社會和未來，讓成員有所感受才對。

我一直到使用 Motivation Survey（之後的 MOTIVATION CLOUD）這個將組織狀態量化、可視化的工具測量自己的團隊後才發現這一點，因為我們的理念方針的分數很低。

我自己在招募員工時，一直對應徵者談 Link and Motivation Inc. 的任務和願景。因此有很多成員是受理念方針魅力吸引而決定加入我們公司，但他們進到公司之後，我幾乎沒有機會提起公司的任務和願景，直到測完分數我才注意到這件事。

因此，我開始採取措施提升團隊共鳴，尤其是提升理念方針的魅力。首先，每季會花整整兩天的時間舉辦專案啟動會議，徹底討論為了實現任務和願景需要多少業績、為實現業績目標需要什麼樣的戰略等任務、願景和業績、戰略之間的連結。

接著，每季有半天的工程學對談，公司的任務中提到動機工程學，代表我們經營時重視技術。「就算案件成功，效果也會在三年或五年後漸漸變得薄弱。即便改革組織，效果也會在五年至十年左右漸漸消失。然而，只要創造出讓案件成功、能為組織帶來變革的技術並流傳於世，在我們死後這項技術仍能持續改變組織。就像愛迪生死後，他發明的燈泡依然照亮我們一樣。」在這樣的想法下，我們的事業命名為動機工程學，而非顧問。

參加動機工程學這項技術開發時，成員感覺到自己對任務和願景有所貢獻，也是最容易感受到理念和方針的魅力。因此每季舉辦的工程學對談，讓大家能夠發表並共享三個月以來的工作中，成員發展出和組織變革、團隊打造、提升動機相關的新技術。

譬如資深顧問提出與聘僱戰略、組織開發相關的新框架或理論，業助可以提出容易提升成員動力的日報格式，資淺的成員可以提出新員工研習計畫的改善案等，從各個不同的角度發表提案。

好的提案會實際應用在日常商務使用的文件或專案中。顧問事業的成員只要獲得一定的經驗和能力，就能離職以個人事業主的形式賺取報酬。然而，靠大家的技術進化是企業組織才能感受到的醍醐味。

大家一起創造的技術，對我們的顧問事業提升效果和效率當然有所貢獻，但更重要的是這項技術讓成員感受到自己對任務和願景的貢獻。這些專案啟動會議和工程學對談讓成員感受到每天的工作和任務、願景有了強烈的連結。接著，理念方針的魅力提升，我們轉變成一個擁有強烈共鳴的團隊。

結果，動機量表的 Engagement Score 提升到超高水準，過去團隊的離職率高達百分之二十至三十，後來也降至百分之二至三。專案啟動會議和工程學對談需要團隊成員暫停其他活動，花一整天的時間舉辦，所以對短期的業務活動來說有負面影響。然而，這些時間投資會隨著成員之間的共鳴提升，最後回饋到業績上。

F1 賽車相爭的秒數在小數點以下，但無論哪個車隊都一定會中途停下來修整。因為用磨損的輪胎持續比賽，最後損失的時間會比中途休息損失的時間還長。在成員共鳴度低的狀態下繼續工作，就像用耗損的輪胎繼續參賽一樣。共鳴的法則能造就一個朝向實現共通目的奮力奔跑的團隊。

關鍵 ABCDE 五法則帶給我們的禮物

關鍵五法則的改革為我們帶來很多禮物，首先是營收成長十倍。因為新事業讓股價翻了十倍，離職率降至百分之二到三，我們不只業績成長，還有達成目標的成就感，讓顧客歡喜的貢獻感。

除此之外，對我的人生影響最大的就是獲得豐碩的人際關係，某個人的強項可以彌補某個人的弱點。如果碰壁，就一起想辦法；如果覺得失落，就依靠彼此的肩膀。

開發成功時，我們肩並肩一起慶祝；達成目標時開心地一起流淚。回過神來才發現，我們彼此都成為對方不可或缺、無可替代的存在，最棒的團隊擁有讓每個人都幸福的力量。

關鍵五法則教會我一件事，也解開我心中的一個誤解，那就是——不是**「偉大的團隊裡有一個偉大的領導者」**，而是**「偉大的團隊裡有法則」**。用團隊法則打造最棒的團隊，讓我這個平凡的上班族實現一個人不可能做到的各種奇蹟。

結語

從團隊到組織

能改變組織的就是你

我以組織改革顧問的身分，參與過各企業的改革。其中，我覺得有一點很奇怪，那就是改變組織的到底是誰。日本受到工作方式改革的影響，很多經營者和人事相關人員對組織變革非常關心。

在這個影響下，很多企業試圖打造方便工作的組織和職場，這些行動對日本的企業組織或職場發展無疑有莫大貢獻。然而，我覺得再這樣下去，大多數的企業組織變革和工作方式改革都會以失敗告終。對組織變革影響最大的一定是經營者，人事相關的負責人、主持人扮演的角色也非常重要。

然而，是不是只要經營者和人事相關人員認真努力，就能實現組織改革呢？答案是不。為了實現真正的組織改革，不只需要經營者和人事負責人，還需要第一線的人員自主、自力地改變組織。

在現場工作的每個員工改變自己的團隊非常重要。然而，觀察工作現場就會發現很多人對打造自己的團隊毫無想法。應該有很多人一心認為組織是公司和人事單位給予的，而職場是上司給予的，然後在居酒屋抱怨組織，在社群網站上抱怨職場吧。其實，良好的組織是在這個國家裡工作的每個人一手打造出來的。

這本書描述打造組織的團隊，其實不為經營者、人事、管理階層、領導者而寫，而是希望能讓所有商務人士都能閱讀，目的就是想改變現在的狀況。與其在居酒屋透露對組織的不滿，在社群網站上抱怨職場，不如自己踏出一步，開始嘗試打造團隊如何呢？

我把「組織」當成一種產業

我的工作是組織改革顧問，組織是多個團隊的集合體，我想在改變團隊之後，改變所有的組織。

人類的喜悅有很多種，吃到美味的料理覺得幸福，看到有趣的電影覺得幸福，去了一趟歡樂的旅程覺得幸福，每一種都是無可取代的幸福。但是，對我來說，透過組織達成某件事，透過組織和某個人有連結，最能讓人感到幸福。

另一方面，組織也會令人不幸，有很多組織因為營運不善所以無法有成果。世界上有很多人苦於組織內的人際關係，甚至導致心靈生病。我希望能打造一個產業，能成為這個國家所有組織的力量。

醫療是提升國家所有人健康的產業，幾乎所有人都會定期接受健康檢查。如果健康檢查的結果不好，就到醫院做更精密的檢查。無論住在哪裡，都能去醫院得到擁有國家證照的醫師診斷、治療，病患能得到藥物或手術治療。組合各式各樣的人和產品，治療疾病、守護健康，形成一個龐大的社會系統。當然，醫療產業還不完美，但以我的眼光來看完備程度已經很高。

另一方面，企業組織的狀況如何呢？有問題的時候，仍然只能依靠本人的直覺和經驗解決。我想創造一個能夠改變這種狀況的產業和系統，Link and Motivation Inc. 投資日本最大規模的員工風評網 Vorkers，這就像是醫療健檢的事業。Vorkers 透過員工或前員工的評論，赤裸裸地呈現超越十萬個企業的組織狀態。就像醫療健檢將人體的健康情形可視化一樣，Vorkers 也將所有企業的組織狀態可視化。

書中多次提及的改善組織服務 MOTIVATION CLOUD，則像是醫療產業中的精密檢查。宛如 X 光般，透過員工的問卷調查，將組織狀態可視化，提供診斷和改善。透過日本最大規模的資料庫，為組織狀態計算偏差值。另外，也能像斷層掃描一樣，精緻分析部門別、階層別等不同屬性的問題。

接著，就像投藥或手術一樣，我們也拓展組織顧問事業。我們像一間綜合醫院，擁有從理念滲透到人才聘用、人才養成、人事制度一條龍式的支援體制。需要更深入的支援時，我們也出資提供組織改革支援的育成中心事業。如果說醫療這個產業能讓人體不再病痛，那我想要透過建立組織這項產業，消除企業組織帶來的一切痛苦。

雖然我在書中大言不慚提到 Link and Motivation Inc. 的市值，但和醫療產業相比，企業組織這項產業還未成熟。我們能提供前述服務的企業組織，只占日本的一小部分。

希望未來能將活用每個人能力的組織、團隊送到所有人手上。為此，必須引出打造組織的每個團隊，最大限度的力量。這個挑戰才剛剛開始。

最後～獻給本書的製作團隊～

我之所以能寫完這本書，就是借助團隊的力量。幻冬舍的箕輪厚介先生，他曾經問我：「我站在這個世界的哪裡，往哪個方向走，呼喚什麼語句才能轉動世界？」箕輪先生的問題，讓我有所發現。幻冬舍的山口奈緒子小姐，無論是對我的任性，還是對箕輪先生有時棘手的行動（笑），她總是能靈巧地處理。寫手長谷川涼先生，託長谷川先生的福，我零散的敘述才變成文章，而且在沒有迷失方向的狀況下完成整本書。

Link and Motivation Inc. 的沖田慧祐，因為沖田的關係，才把很抽象的團隊內容變成可視化的圖示或圖表。動機工程學講座的井上千壽、小林萌萌、杉江美祥、千賀純歌、千手蓮三、谷原拓也、長島麻由美、藤田理孝、丸山拓人、芳川諒子等成員，協助我調查龐大的文獻和案例，這是我一個人絕對無法完成的工作。

NewsPicks Academia 麻野講座的各位成員，讓原本尚未完整的關鍵五法則有了靈魂，各大企業的客戶們也給予我們改變組織的勇氣。

這本書所寫的團隊法則，都是以 Link and Motivation Inc. 負責人小笹芳央先生的動機工程學為基礎。我的知識和技術可以說都是小笹先生的真傳。Link and Motivation Inc. 的各位成員，是你們讓我了解組織的奧妙、團隊的珍貴，和大家一起打造的團隊，讓我的人生更加豐富。

還有讀到最後的各位讀者，你們也是書籍製作團隊中重要的一分子。請把團隊法則傳遞給自己的團隊，然後請以五法則為基礎，打造團隊吧！

「我想把團隊的喜悅告訴所有人」

書籍製作團隊因為我的這個想法產生了共鳴，所有人集結力量，才誕生這本書。最後讓這個想法成形的，就是讀者們。我由衷盼望各位能成功完成打造團隊的挑戰。

〔卷末收錄〕

關鍵 ABCDE 五法則的學術背景

本書介紹的團隊法則都以學術知識為基礎制定，本文將簡單介紹這些基礎知識。

切斯特・巴納德可以說是奠定現在組織理論基礎、二十世紀前半葉的代表性經營學家。腓德烈・泰勒提出的科學式管理法，認為人類存在於組織中，而巴納德則認為組織是人類互相影響下形成的系統。

巴納德在著作《經營者的角色》中，提到組織成立有三個要素：共同目的（Common purpose）、溝通（Communication）和貢獻欲

Theory

設定目標法則的學術背景

切斯特・巴納德「組織的成立要素」

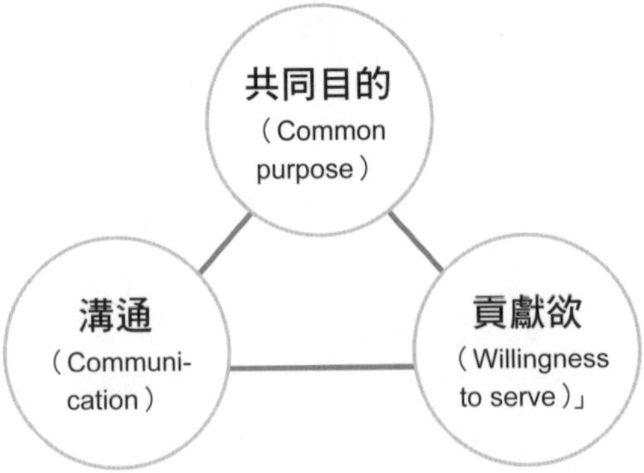

（Willingness to serve）。他將組織定義為兩名以上的人為實現個人無法達成的事（共同目的），彼此傳達意見（溝通），並且擁有為此事貢獻的欲望（貢獻欲），一起朝目標前進。

第一章從深入設定目標法則的角度，深入探討巴納德提到的共同目的，在其他章節中，則是將溝通套入溝通法則，貢獻欲套入共鳴法則深入介紹。

斯蒂芬・羅賓斯在組織行為學界的世界級名著《組織行為管理學》中，從四個觀點說明團隊與團體的差異。

第一個觀點是目標（Goal）的差異。團體的目標停留在單純的資訊共享，而團隊目標則是指集團性的成績。第二個觀點是相互影響（Synergy）的差異。團體的相互影響屬於消

斯蒂芬・羅賓斯「團隊與團體的差異」

團體		團隊
資訊共享 ←	目標（Goal）	→ 集團性的成績
消極性 ←	相互影響（Synergy）	→ 積極性
個人 ←	說明責任（Accountability）	→ 共同性
零散的成員 ←	成員能力（Skills）	→ 互補性

極性，但團隊的相互影響屬於積極性。第三個觀點是說明責任（Accountability）的差異。團體是個人有說明責任，但團隊則有共同性的說明責任。第四個觀點是成員能力（Skills）的差異。團體會集結能力零散的成員，但團隊會集結擁有互補能力的成員。

針對第四個觀點，該集結什麼樣的成員，放在第二章的擇才法則中深入探討。

美國語言學家早川一會在《思考與行為的語言》一書中提出「抽象的階梯」這個概念。譬如詢問三位磚塊工匠「請問你從事什麼樣的工作？」會得到三種模式的回答。第一個回答是我正在疊磚塊，這是從作業的層面描述工作。第二個回答是我正在蓋一座教堂」，這是從目的的層面描述工作。第三個

早川一會「抽象的階梯」

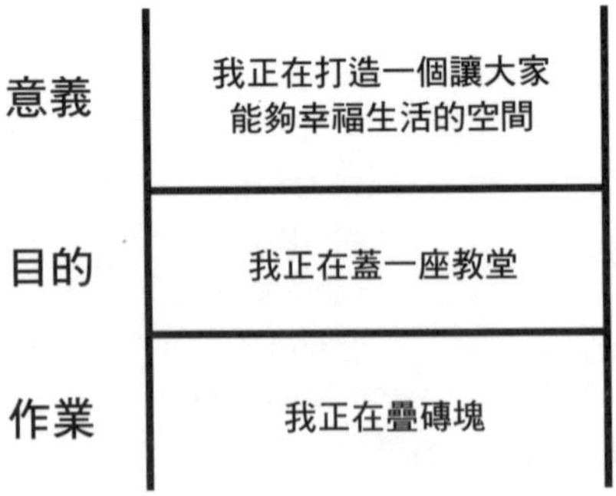
意義
我正在打造一個讓大家
能夠幸福生活的空間
目的
我正在蓋一座教堂
作業
我正在疊磚塊

回答是我正在打造一個讓大家能夠一起幸福生活的空間，這是從意義的層面描述工作。

如果只從意義層面掌握工作，很可能會沒辦法做好具體的施工。但是只從作業層面掌握工作，很可能無法發展新的創意。這是一種透過各種抽象層次掌握事物提高表現的思考技術。

設定目標法則的行動目標、成果目標和意義目標的思考方式，就是以抽象的階梯為基礎。

在擇才的法則中，以團隊沒有標準答案的想法為基礎，將團隊分成四種類型，並介紹每種類型的成員選擇方式。

這個思考方式是以經營學的「權變理論

Theory

擇才法則的學術背景

柏恩斯與史塔克「權變理論」

（Contingency）」為基礎。

權變原本是指，未來可能會發生的偶然事件，後來轉而指稱因應狀況的意思。該理論認為沒有唯一絕對的組織型態能有效因應各種狀況，所以我們必須配合狀況建構組織。

初期的權變理論是一九六〇年代由柏恩斯與史塔克（Burns & Stalker）提出的環境不確定性局面決定組織構造，他們從英國的十五個電子企業案例中，發現組織構造有適合穩定環境的機械性系統（官僚制），以及適合難以預料環境的有機性系統（非官僚制）。

一九八〇年代，日本的經營學家加護野忠男將權變理論的三個變數和「整合與調和」等關鍵概念圖表化。三個變數分別是①狀況變數（環境、技術、規模等）②組織特性變數（組織構造、管理系統等）③成果變數（組織的有效性、機能等）。他認為組織必須整合這三個變數。

在環境變化速度快的現代商業環境中，必須配合公司所處的狀況建構組織，因此我認為所有經營者、人事相關人員、管理職應該都要了解這項理論。首先，請把擇才法則和溝通法則中介紹的四大類型套用在自己的團隊上吧。

溝通法則的學術背景

艾琳．梅爾《文化地圖》

溝通法則中介紹了減輕溝通成本的規則制定方式。若沒有制定規則明文規範團隊活動的前提，會令團隊內發生許多齟齬，這是因為我們成長的環境中各有相異的不成文規定。

一樣都在日本成長的團隊成員都會有相異的不成文規定，不同國家的人差異就更明顯。工商管理學校 INSEAD 的客座教授艾琳．梅爾，專攻異文化管理的組織行為學，她提出不同國籍文化，會造成活動和人際關係的八大差異。

①溝通：低情境 vs. 高情境
②評估（負面回饋）：直接否定 vs. 間接否定
③說服：原理優先 vs. 應用優先
④領導：平權主義 vs. 階級主義
⑤決策：共識 vs. 由上而下

⑥信任：任務導向 vs. 關係導向
⑦歧異：對峙 vs. 避免對峙
⑧時程：線性時間 vs. 彈性時間

在溝通法則中介紹的規則制定4W1H，就是按照這些差異設計架構。針對溝通部分，美國、荷蘭屬於低情境型；日本和中國則屬於高情境型。低情境型擁有好的溝通需要嚴密、簡單而精確，訊息如字面所示傳達，也如字面接收的特性；而高情境型則擁有好的溝通纖細有內涵，而且有多個層次，從字裡行間了解訊息，經常加上隱喻才傳達的特性。

在規則的設定粒度上，擁有低情境背景的人會希望設定較多規則，而高情境背景的人則希望設定較少規則。因此，必須明確規範規則設定粒度的粗細。

針對領導部分，丹麥和荷蘭屬於平權主義；日本和韓國則屬於階級主義。平權主義擁有上司和下屬的距離近，理想的上司就是在平等的一群人中擔任統籌角色，組織平行，經常有超越資歷的溝通的特質；階級主義則擁有上司和下屬的距離遠，理想的上司是站在最前線領導眾人，擔任強大旗手的角色，職銜很重要，組織多層次且固定，會按照資歷進行溝通的特質。

在規則的規定權限上，平權主義者會希望由成員做決定，而階級主義者會希望由領導者做決定。因此，在規定權限的相關規則上，必須明定決策者究竟是領導者還是成員。

另外，雖然沒有在艾琳．梅爾的《文化地圖》中登場，但角色分配的部分，美國和英國屬於俄羅斯方塊型；日本和泰國則是變形蟲型。俄羅斯方塊型擁有明確劃分職務、角色、責任範圍，絕不互相侵犯的特質；而變形蟲型則擁有職務、角色、責任範圍模糊，以對整體最佳的想法為基礎，積極參與責任範圍外的事務的特質。

在規則的責任範圍上，擁有俄羅斯方塊型背景的人會希望對個人成果負責，而變形蟲型背景的人則希望對全體成果負責。因此，在責任範圍的相關規則上，必須明確規範成員要重視團隊成果還是個人成果。

針對信賴部分，美國、瑞士屬於任務導向；中國和巴西則屬於關係導向。任務導向擁有信任靠商業相關活動建構，工作關係能輕鬆按實際狀況結合或分離的特質；而關係導向則擁有信賴是透過用餐、飲酒建構，工作關係要花很長的時間培養，個人的時間也能共享的特質。

在規則的評價對象上，擁有任務導向背景的人會希望評價個人成果，而關係導向背景的人則希望評價過程。因此，在評價對象的相關規則上，必須明定評價對象究竟是成果還是過程。

針對時程部分，美國、瑞士屬於線性時間；中國和印度則屬於彈性時間。線性時間擁有，認為專案是線性的東西，一個作業結束後再進行下一個作業，一次只做一件事，不受人打擾，最重要的是按照交期和行程進行的特質；而彈性時間則是，認為專案是流動性的東西，看情況進行作業，可以同時進行很多事，也能接受被打擾，認為順應情況很重要的特質。

在規則的確認頻率上，擁有線性時間背景的人會希望評價個人成果，而關係導向背景的人則希望評價過程。因此，在確認頻率的相關規則上，必須明確規範是否要經常確認。

本理論主要描述國際間不同國家的文化差異，但相同國家的成員組織團隊時也會有各自不同的背景。因此，必須確實訂立規則的 4W1H，否則背景相異的成員就無法順利合作。另外，光靠規則無法對應所有不同的背景，團隊成員必須理解彼此背景後再進行溝通。

針對溝通法則中介紹的心理安全，負責領導能力和經營理論的哈佛商學院教授艾米・埃德蒙遜提出了各種理論。缺乏心理安全時產生的不安，譬如本章介紹的「擔心會被當成無知之人」、「擔心會被當成無能之人」、「擔心會被當成麻煩人物」、「擔心會被當成批評魔人」就是其中之一。

另一方面，埃德蒙遜也提到只有心理安全，但目標設定和責任範圍不明確，只會變成一個鬆散的團隊，無法實現團隊目的和目標。在朝向想實現的目標前進時，當然會希望在團隊中創造出讓成員可以暢所欲言的環境對吧。

艾米・埃德蒙遜「心理安全」

決策法則的學術背景

簡尼斯《團體迷思（Group Think）》

在決策法則中提到，雖然俗話說「三個臭皮匠，勝過一個諸葛亮」，但也有可能因為組隊而做出錯誤的決策。美國社會心理學家簡尼斯在一九七二年提出「團體迷思（或者集團思考）」的概念。他定義集團迷思是，集團會以大家都認同的選項優先，而非現實的評估，是一種迅速而膚淺的思考。

譬如一個人過馬路時會確認左右來車和紅綠燈，但和一大群人一起過馬路時反而不會確認狀況，只會埋頭跟著前面的人走，因此提高事故的風險。

簡尼斯分析，引發太平洋戰爭的珍珠港事件，也是因為美軍出現團體迷思。珍珠港攻擊前夕，駐留夏威夷的美軍司令官收到日軍可能攻擊夏威夷的警告。然而，他和美軍幕僚商討的時候出現「不至於發生這種事」的結論，所以直到最後都疏於警戒。

簡尼斯認為容易引起團體迷思的集團有三大特徵。特徵一是過高評價，自己絕對不會輸、絕對不會失敗等過度樂觀主義，或者自己的想法絕對正確的極端信仰，會使人對自己的集團產生過高評價，做出不適當的決策。

特徵二是封閉性，集團對外持封閉性態度，自己的集團沒有錯的自我辯護和敵人弱小又沒用的偏見，會令人做出不恰當的決策。

特徵三是均一化的壓力，不能脫離集團的共識這種對自我意見的壓抑，以及很多人都持相同意見，大家應該也一樣吧這種一致的幻想。不容許反對意見這種施加在反對者身上的壓力、想讓自己決定的事順利推行的決策正當化，都會令人做出不恰當的決策。

另外，對照前述的三大類型，就會發現各種徵兆，包含①沒有詳細調查替代方案②沒有充分詳細調查目標③沒有充分檢討欲採用的選項之危險性④不會重新檢討曾經否決的替代方案⑤沒有詳細調查資訊⑥對手邊既有的資訊取捨有所偏頗⑦沒有對緊急狀況擬定計畫等七大項。

為避免團體迷思，必須使用協商的手法，做出恰當的決策。

羅伯特．席爾迪尼《影響力：說服的六大武器，讓人在不知不覺中受擺佈》

美國代表性的社會心理學家羅伯特．席爾迪尼的著作《影響力：說服的六大武器，讓人在不知不覺中受擺佈》是全球知名的暢銷書，這本書是從心理學的角度分析人如何被說服，為什麼會受人擺佈。以大家「不知不覺就買了」等行動為例，介紹各種影響他人的方法。書中介紹對決策尤其是承諾產生影響的六個要素。

第一是互惠：人類在對方做了某件事後，會不自覺地回饋對方。

第二是承諾與一致：人類擁有「希望被認為是擁有一致性的人」的特質。

第三是社會認同：人類會認為社會上多數人的言語和行動是正確的。

第四是權威：人類判斷對方有權威之後，就會輕易聽從對方的話。

第五是喜好：人類容易相信朋友、家人、戀人等有善意的對象說出的話。

第六是稀有性：人類會認為數量稀少就是好東西。

決策法則中，將《影響力：說服的六大武器，讓人在不知不覺中受擺佈》應用在銷售和行銷場合上，團隊決策者影響力的泉源。適當發揮影響力，能夠確實提高決策後的實行程度。

共鳴法則的學術背景

利昂・費斯汀格「團體凝聚力」

在共鳴法則中介紹的 4P 是以美國心理學家利昂・費斯汀格（Leon Festinger）的團體凝聚力理論為基礎。費斯汀格將把成員留在集團內的力量總體，稱為團體凝聚力。

提升團體凝聚力可以達到以下效果：

① 成員能感受到彼此的魅力。
② 成員會遵守集團內的規範。
③ 能夠順利實現集團內的角色分擔。

為了提升團體凝聚力，需要：

① 有魅力的集團目標。
② 把集團的目標當成自己的目標。

③ 成員之間的人際關係良好。
④ 成員了解集團的外部評價很好。

另一方面，團體凝聚力增強，集團的同儕壓力等負面情緒也會增強，必須多加留意。

維克托．弗魯姆「期望理論」

在共鳴法則介紹的共鳴公式，報酬、目標的魅力×達成的可能性×危機感，就是以維克托．弗魯姆的期望理論為基礎。

弗魯姆是用心理學分析人類行為的最高權威，系統性地整理出動機相關的研究結果，剖析了動機生成的過程。弗魯姆在一九六四年的著作《工作與動機》中發表了期望理論。弗魯姆的期望理論，可簡化成以下的方程式。

M＝E×V

M是動機（Motivational force）、E是期望（Expectancy）、V是吸引性（Valence）。弗魯姆定義動機是選擇行動的力量。而且認為動機取決於期望和吸引性的加乘效應。所謂的期望，就是指自己的行動能得到的結果；吸引性指的是自己對結果感受到的魅力。

我們用一樣隸屬排球社的A君和B君的動機為例，兩個人都想成為正式選手，每天努力練習。假設努力練習應該能成為正規選手的概率，A君為百分之八十，B君為百分之六十。看到這個數字，A君應該會更有動機參加練習，不會逃避辛苦的訓練。

然而，A君對成為排球隊正規選手沒有什麼興趣，反而認為努力讀書考進偏差值高的學校對自己的人生更有幫助。B君想成為排球隊正規選手，考體育保送進入排球隊很強的學校。A君和B君對成為排球隊正規選手感受到的魅力，分別是1.0和1.5。

在期望理論中，定義期望是努力練習就能成為正規選手的概率，吸引性是成為正規選手後感受到的魅力。根據期望理論，可以計算出A君：期望0.8×引誘性1.0＝動機0.8；B君：期望0.6×引誘性1.5＝動機0.9。因此，可以預測B

動機取決於以下的公式

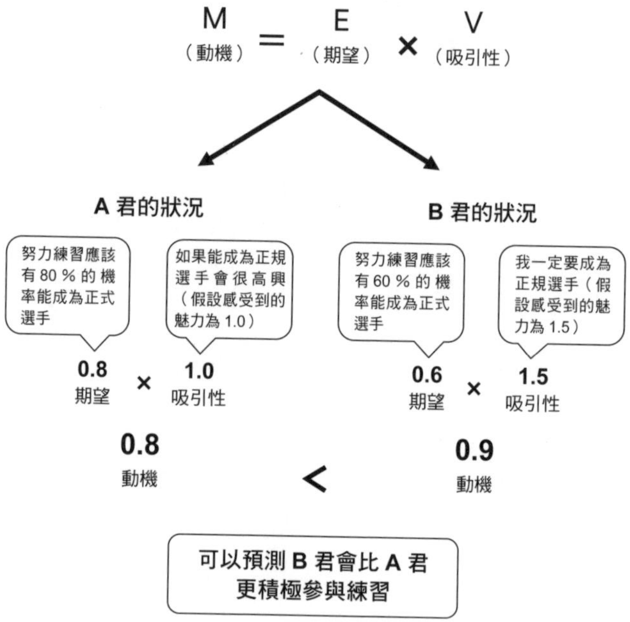
M（動機）＝E（期望）×V（吸引性）
A 君的狀況
努力練習應該有 80 % 的機率能成為正式選手
如果能成為正規選手會很高興（假設感受到的魅力為 1.0）
0.8 期望 × 1.0 吸引性
0.8 動機
B 君的狀況
努力練習應該有 60 % 的機率能成為正式選手
我一定要成為正規選手（假設感受到的魅力為 1.5）
0.6 期望 × 1.5 吸引性
0.9 動機
<
可以預測 B 君會比 A 君更積極參與練習

君會比A君更積極參與練習。透過弗魯姆的期望理論，將肉眼看不見的動機以公式呈現，為動機研究帶來大幅進步。

參考文獻

具體案例

打掃新幹線的天使們

・打掃新幹線的天使們「世界第一的現場力」從何而來？／遠藤功／あさ出版

・奇蹟的職場　新幹線清潔團隊的工作榮譽／矢部輝夫／あさ出版

日本足球代表隊參加南非世界盃晉級十六強領導者岡田武史（ベスト新書）／二宮壽朗／ベストセラーズ

・岡田武史如是說——日本代表隊教練這項工作／ITmedia ビジネスオンライン／https://www.itmedia.co.jp/makoto/articles/0912/14/news010.html

「倫敦奧運女子排球項目榮獲銅牌」

・向女排的真鍋教練學習——引出「女子力」的方法／NIKKEI STYLE／

https://style.nikkei.com/article/DGXNASFK2201I_S3A520C1000000

「甘迺迪避開古巴危機」

・決策的本質　過程導向的決策管理（華頓經營戰略系列）／Michael A. Roberto（著），Skylight Consulting（翻譯）／英治出版

「皮克斯初次登場便創下連續第一名的紀錄」

・皮克斯流　創造的力量——微小可能創造大價值的方法／Amy Wallace、Ed Catmull（著），原薰（翻譯）／ダイヤモンド社

「NASA 阿波羅11號登陸月球表面」

・向世界頂尖經營團隊 NASA 學習決策方法——打破不可能的高牆的思考能力／中村慎吾／東洋經濟新報社

「新加坡的經濟成長」

- 物語　新加坡的歷史　菁英開發主義國家的兩百年（中公新書）／岩崎育夫／中央公論新社

Theory

目標設定的法則

- 經營者的角色（經營名著系列 2）／Chester Irving Barnard（著），山本安次郎（翻譯）／ダイヤモンド社
- 組織行為管理學——從入門到實踐／Stephen P. Robbins（著），高木晴夫（翻譯）／ダイヤモンド社
- 思考與行為的語言／早川一會（著），大久保忠利（翻譯）／岩波書店

擇才的法則

- *The Management of Innovation*／Tom Burns、G. M. Stalker（著）／Oxford University Press

・經營組織的環境適應／加護野忠男（著）／白桃書房

溝通的法則

・異文化理解力——了解對方和自己的真意　商務人士的必備教養／艾琳・梅爾（著），田岡惠（監譯），樋口武志（翻譯）／英治出版

・團隊的功能是什麼——提升「學習力」和「執行力」的實踐方法／Amy C. Edmondson（著），野津智子（翻譯）／英治出版

決策的法則

・解決問題與決策的國際標準・KT式思考法／高多清在（著）／實業之日本社

・影響力〔第三版〕：說服的六大武器，讓人在不知不覺中受擺佈／Robert B. Cialdini（著），社會行動研究會（翻譯）／誠信書房

共鳴的法則

• *Social Pressures in Informal Groups: A Study of Human Factors in Housing* ／Leon Festinger, Kurt W. Back, Stanley Schachter（著）／Stanford University Press

• 工作與動機／Victor H. Vroom（著），坂下昭宣（翻譯）／千倉書房

讓團隊崩壞的陷阱

• 人為什麼在團體中會偷懶——「社會惰化」的心理學（中公新書）／釘原直樹（著）／中央公論新社

• 行為經濟學　經濟靠「情感」活動（光文社新書）／友野典男（著）／光文社

國家圖書館出版品預行編目資料

高能團隊的關鍵 ABCDE 五法則：發揮團隊五大效果、破解五大迷思，讓營收、市值翻十倍的科學化法則 / 麻野耕司作；涂紋凰譯 . -- 初版 . -- 臺北市：三采文化，2020.08
面；　公分 . --（輕商管；38）
ISBN 978-957-658-388-9（平裝）

1. 組織管理 2. 團隊精神

494.2　　　　　　　　109009230

suncolor 三采文化集團

輕商管 38

高能團隊的關鍵 ABCDE 五法則：

發揮團隊五大效果、破解五大迷思，讓營收、市值翻十倍的科學化法則

作者｜麻野耕司　譯者｜涂紋凰
日文編輯｜李媁婷　美術主編｜藍秀婷　封面設計｜池婉珊
版權經理｜劉契妙
內頁排版｜陳佩君　校對｜黃薇霓

發行人｜張輝明　總編輯｜曾雅青　發行所｜三采文化股份有限公司
地址｜台北市內湖區瑞光路 513 巷 33 號 8 樓
傳訊｜TEL:8797-1234　FAX:8797-1688　網址｜www.suncolor.com.tw
郵政劃撥｜帳號：14319060　戶名：三采文化股份有限公司
本版發行｜2020 年 8 月 7 日　定價｜NT$360